Friedrich Wilhelm Henkel
Wolfgang Schmidt

Taschenatlas

Terrarien-praxis

Einrichtung – Technik – Pflege

94 Farbfotos

Ulmer

Vorwort

Die Terraristik hat in den letzten Jahren eine stetig zunehmende Bedeutung erlangt. Alle Einsteiger, die sich mit der Terraristik befassen wollen, benötigen zuerst einmal ein solides Grundwissen über die Ansprüche ihrer potenziellen Pfleglinge. Und dieses Grundwissen will auch in die tägliche Praxis der Pflege umgesetzt werden. Dazu gehören neben gründlichen Informationen zur Biologie der einzelnen Arten auch die Kenntnis der jeweils erforderliche Behältergrößen und -typen sowie ihrer Einrichtung, diverse Aspekte der Terrarientechnik, die Bestimmungen des Tier- und Artenschutzes sowie die Sicherstellung einer ausgewogenen Ernährung. Einen Überblick darüber bietet dieses Buch.

Vor jeder Anschaffung muss sich der Liebhaber daher zunächst theoretisch mit der Materie beschäftigen. Das bedeutet, dass er Bücher und Fachzeitschriften studiert und/oder Kontakte zu erfahrenen Terrarianern aufnimmt.

Wir wollen aber auch nicht verschweigen, dass einige Tierarten sehr heikel oder wenigstens derart pflegeaufwendig sind, dass sie nur wirklich erfahrenen Liebhabern vorbehalten bleiben sollten. Ausschlaggebend für die Auswahl ist zwar oftmals der erste Eindruck, doch sollte man vor übereilten Käufen stets sorgfältig überdenken, ob man wirklich bereit und in der Lage ist, alle Voraussetzungen für eine artgerechte Pflege zu erfüllen.

Friedrich Wilhelm Henkel, Kamen
Wolfgang Schmidt, Soest

Inhalt

Grundsätzliches

Grundsätzliches

Alle im Terrarium gepflegten Amphibien, Reptilien und Wirbellosen gehören zu den sogenannten wechselwarmen Tieren. Dies bedeutet, dass sie – im Gegensatz zu Säugetieren und Vögeln – nicht in der Lage sind, ihre Körperwärme selbstständig zu erhöhen oder auch nur konstant zu halten. Sie ist vielmehr von der aktuellen Situation im betreffenden Lebensraum, der sogenannten Umgebungstemperatur, abhängig. Diese wiederum geht unter anderem auf Strahlungswärme zurück, etwa den Sonnenschein oder die in Steinen und ähnlichen Substraten „gespeicherte" Energie, die während des Abkühlungsprozesses am Abend und in der Nacht allmählich wieder abgebaut wird. Daraus folgt, dass all unsere Pfleglinge eine „Betriebstemperatur" benötigen, die für das ungestörte Ablaufen der lebenswichtigen Körperfunktionen wie Aktivität, Verdauung und Ähnliches unerlässlich ist.

Gut zu wissen
Unsere Terrarientiere sind durchweg auf einen hochspezifischen Temperaturbereich angewiesen, innerhalb dessen ihre wichtigsten Körperfunktionen überhaupt ablaufen können. Und auch nur bei diesen sind sie fähig, ihr gesamtes, bisweilen sehr abwechslungsreiches Verhaltensrepertoire zu zeigen. Dieser kann von Art zu Art sehr unterschiedlich ausfallen.

Reptilien wie dieses Chamaeleo jacksoni sind wechselwarme Tiere.

Temperaturbedürfnisse der Tiere

Vereinfacht gesehen unterscheidet man dabei zwei unterschiedliche Typen: Zum einen die **Aktivitätstemperatur** – das ist der Bereich, in dem das Tier grundsätzlich „aktiv" ist; man kann ihn für die meisten unserer Pfleglinge bei 15–35 °C oder sogar etwas höher ansetzen. Zum anderen wäre die sogenannte **Vorzugstemperatur** zu nennen: Sie liegt in der Regel höher als der zuvor behandelte Bereich, wird anhand der Körperwärme gemessen und spiegelt im Gegensatz zu jener nur die Umgebungswerte wider.

Schon dies verrät uns, dass man einerseits das Terrarium auf ein gewisses Niveau erwärmen muss, zum anderen aber seine Bewohner eine Gelegenheit brauchen, sich lokal auf ihre jeweilige Vorzugstemperatur zu erwärmen – möglichst durch einen Strahler, weil **Strahlungswärme**, da sie der Sonne entspricht, am natürlichsten wirkt.

Steigt die Umgebungstemperatur längerfristig über die Vorzugswerte, so sterben unsere Pfleglinge unweigerlich den Hitzetod.

Für die Pflege kann aber nicht nur das Erreichen einer bestimmten „Betriebstemperatur" wichtig sein: Viele Arten benötigen zu ihrem Wohlergehen auch eine starke **nächtliche Abkühlung**, die im Terrarium unbedingt imitiert werden muss. Aus dem gleichen Grunde sollten wir bei vielen Arten auch einen klimatischen **Jahreszeitenrhythmus simulieren**, wobei uns die Zeitschaltuhr unschätzbare Dienste leistet.

Nur wenigen Spezies ist es gelungen, sich auch an für wechselwarme Tiere eigentlich zu kalte Lebensräume wie die gemäßigten Breiten und Hochgebirgsregionen anzupassen. Zu ihnen gehört der Erdleguan *Liolaemus multiformis*, welcher in den Anden Höhenlagen bis 5.000 m und darüber bewohnt. Zur Fortpflanzung nutzen diese Echsen nicht etwa den an der Umgebungstemperatur gemessen „wärmeren" Sommer; vielmehr bringen sie ihre Jungen im Winter zu Welt. Der Grund dafür liegt in der zu dieser Jahreszeit wesentlich längeren Sonnenscheindauer, die es den Leguanen gestattet, recht schnell ihre Vorzugstemperatur zu erreichen, sodass sie anschließend ihren größten Aktivitätsgrad entfalten können. Durch ausgedehnte Sonnenbäder vermag sich *Liolaemus multiformis* derart aufzuheizen, dass sein Körper etwa 30 °C wärmer als die kühle Umgebung ist.

Wichtig

Gewährleistung für eine artgerechte Unterbringung bietet daher die ausreichende Thermoregulation: Grundsätzlich sollte in jedem Behälter für ein gewisses Temperaturgefälle gesorgt werden, das von einem Wert knapp oberhalb der Vorzugstemperatur bis weit unter dieselbe reicht; in dieser Hinsicht gibt es keinen individuellen Spielraum, sondern einzig und allein physiologische Zwänge.

Ruhephasen

Unsere einheimischen Arten können eine Art **Winterruhe** einlegen; andere sterben im Herbst, während nur ihre

Eier überwintern. Dies betrifft etwa die Gottesanbeterin *Mantis religiosa*. Allerdings können Terrarientiere in der freien Natur nicht nur allzu kühlen Temperaturen ausweichen, sondern sich auch lebensbedrohlicher Trockenheit und gefährlichen Hitzegraden durch eine Art **Sommerruhe** entziehen.

Innerhalb ihres riesigen Verbreitungsgebietes – es umfasst praktisch die gesamte Erde mit Ausnahme der subpolaren Regionen – haben unsere Pfleglinge die unterschiedlichsten Anpassungen an sehr verschiedene Umweltbedingungen und Lebensräume vollzogen, was sich auch in ihrer enormen Arten- und Formenvielfalt niederschlägt. Die einzelnen Spezies erschlossen dabei selbst scheinbar ungeeignete ökologische Nischen, denen sie sich oft hervorragend anpassen konnten.

Bereits aus dieser kurzen Übersicht wird deutlich, wie stark unsere Tiere von bestimmten Klimafaktoren abhängig sind. Wir wollen daher im Folgenden alle Parameter vorstellen, deren Nachahmung als unerlässliche Voraussetzung für eine erfolgreiche Pflege im Terrarium gelten kann.

Gut zu wissen

Es ist sehr wichtig, dass man den jeweiligen Lebensraum genau kennt. Sehr hilfreich für die Kenntnis der Klimabedingungen am genauen Herkunftsort der Tiere können Klimakataloge sein:

MÜLLER (1983): „Handbuch ausgewählter Klimastationen der Erde“

BROCKHAUS: „Länder und Klimate“.

Klima

Das Wettergeschehen setzt sich aus unterschiedlichen Faktoren zusammen, die in gegenseitiger Abhängigkeit von einander stehen und laufenden Veränderungen unterworfen sind. Die wichtigsten bilden dabei die Temperatur, die ihrerseits von Sonneneinstrahlung, Umgebungstemperatur oder Luftbewegung beeinflusst wird, die Niederschläge, die relative Luftfeuchtigkeit, die Lichtintensität und der Luftdruck.

Dieses Gesamtgefüge ändert sich unablässig, und zwar einmal im **Tagesrhythmus** als Tag-Nacht-Schwankung, zum anderen im Zyklus der **Jahreszeiten**. Dabei ändern sich neben der Temperatur vor allem die Tageslänge (Photoperiode) und viele weitere, saisonal unterschiedlich ausgeprägte Phänomene wie Regen- und Trockenzeiten.

Lokale Schwankungen

Durch jahrelanges Protokollieren dieser Werte hat man versucht, die einzelnen Regionen unseres Planeten nach ihrem jeweiligen Klima zu charakterisieren. Bei genauer Betrachtung zeigt sich jedoch, dass die dabei bestimmten Mittelwerte in die Irre führen können, da sie stark von den örtlichen Gegebenheiten oder den angewandten Messverfahren abhängen können. Zum Beispiel unter anderem: Wo erfolgten die Messungen? Im Wald oder außerhalb? In welcher Höhe über dem Boden?

Ein häufiger **Haltungsfehler** beruht daher auf der Vernachlässigung von **Mikroklimaten**. Was nützen uns schon allgemeine Temperaturmessungen, die 1 m über dem Boden erfolgten, wenn sich unser Pflegling tagsüber tief im Boden verbirgt und nur nachts aktiv wird? So benötigen etwa auch Wüstentiere oft kühle, feuchte Rückzugsgebiete, denn in bestimmten Teilen ihrer Lebensräume stößt man schon in 50 cm Tiefe auf leicht feuchte Sandschichten. In aller Regel wird man daher den Bodengrund solcher Terrarien lokal etwas feuchter halten. Kennt man den ungefähren **Fundort** seiner Pfleglinge, so kann man die einschlägigen Daten unschwer einem entsprechenden Klimakatalog entnehmen.

Spezifische Anpassungen

Wie schon ausgeführt wurde, sind alle Durchschnittswerte mit Vorsicht zu genießen, denn es ist keineswegs ratsam, alle in der Natur vorherrschenden Gegebenheiten tatsächlich auch im Terrarium detailgetreu nachzuahmen. So werden etwa Wüsten nicht deshalb bewohnt, weil es dort unbarmherzig heiß ist und die Bodentemperatur weit über 50 °C ansteigen kann. Vielmehr haben sich die dort lebenden Tiere diesen lebensfeindlichen Bedingungen unter anderem dadurch angepasst, dass sie ihre **Aktivitätszeit** in die Nacht verlegten, die heißen Tagesstunden aber in

Wüstenklima zeichnet sich durch extreme Bedingungen aus.

Creobroter pictipennis, die Kleine Blütenmantis, ist ein attraktiver Vertreter der Wirbellosen.

einem relativ kühlen Versteck verborgen zubringen.

Wenig sinnvoll erscheint es daher auch, Klimafaktoren wie sintflutartige Niederschläge, extreme Trockenheit oder Werte unter dem Gefrierpunkt zu imitieren. Wesentlich besser und auch leichter ist es demgegenüber, wenn man nur die für die Haltung wirklich günstigen oder – besser gesagt – **notwendigen Parameter** simuliert.

Dazu gehören jedoch alle natürlichen Schwankungen, also der Tag-Nacht-Rhythmus, welcher über Aktivitäts- und Schlafenszeit unserer Pfleglinge entscheidet und die Jahreszeiten oder der Wechsel zwischen Trocken- und Regenzeit, denn diese saisonalen Abläufe sind häufig entscheidende Auslöser für den **Fortpflanzungszyklus**.

Temperatur

Sie stellt einen der wichtigsten Klimafaktoren im Terrarium dar. **Wechselwarme** Tiere benötigen durchweg einen spezifischen Temperaturbereich, in dem ihre wichtigsten **Körperfunktionen** überhaupt erst ablaufen, und bei dem sich ihr abwechslungsreiches **Verhaltensrepertoire** entfaltet. Besonders wichtig ist in diesem Zusammenhang

Gut zu wissen

Ganz allgemein kann man davon ausgehen, dass Arten in allen Gebieten, wo die Durchschnittstemperatur des kältesten Monats unter 10 °C sinkt, eine – oft jedoch nur recht kurze – Winterruhe einlegen. (Näheres zum Thema „Überwinterung“ siehe Seite 21).

die Frage, ob unsere Pfleglinge eine **Winterruhe** benötigen oder nicht.

Allerdings kann es auch in Regionen, von denen man es gar nicht vermuten würde, aufgrund ungünstiger Witterungseinflüsse zu kurzen Ruhephasen kommen. Dies betrifft beispielsweise zahlreiche Arten aus den Bergwäldern Ostmadagaskars, die in **Verstecken** Schutz vor der kühlen Witterung suchen. Allerdings scheint das exakte Einhalten dieser makroklimatischen Bedingungen nur für die **Amphibien** und **Reptilien** von entscheidender Bedeutung zu sein, während sich **Wirbellose** oftmals auch unter gleichbleibenden Bedingungen problemlos pflegen und vermehren lassen.

Luft

Ebenso wichtig für das Terrarienklima – aber häufig außer Acht gelassen – sind die Luftbewegung und das Frischluftbedürfnis der Tiere. Letzteres ist von Art zu Art unterschiedlich ausgeprägt: So reagieren einige Spezies schon nach wenigen Tagen auf mangelhafte Belüftung mit **Erkrankungen**; für andere hingegen scheint der Faktor „Frischluft" überhaupt keine Rolle zu spielen. Trotzdem sollte man sich schon im Voraus mit diesem Problem auseinandersetzen.

In der Natur kann sich die Wirkung der Luftbewegung auf das **Verhalten** der Tiere sehr komplex gestalten: So fällt beispielsweise die Fortpflanzungszeit des Grünen Leguans mit dem Beginn der Trockenzeit zusammen. Diese wird unter anderem durch stärkere Winde charakterisiert, deren abkühlende Wirkung es den Echsen ermöglicht, sich zum Imponieren und Balzen längere Zeit auf besonders exponierten Ästen aufzuhalten.

Gerade bei **Regenwaldterrarien**, die eine hohe relative Luftfeuchtigkeit benötigen, ist ein Lüftungsgitter unterhalb der Frontscheibe sehr von Vorteil, da die aufsteigende Luft ein Beschlagen der Frontscheibe verhindert oder doch zumindest in Grenzen hält.

Info

Bei den meisten Arten wird eine ausreichende Luftzufuhr bereits durch zwei größere Lüftungsflächen gewährleistet. Eine von ihnen sollte sich im Deckel befinden, die andere unterhalb der Frontscheibe oder in einer Seitenwand.

Terrarienbelüftung über eine gazebespannte Öffnung.

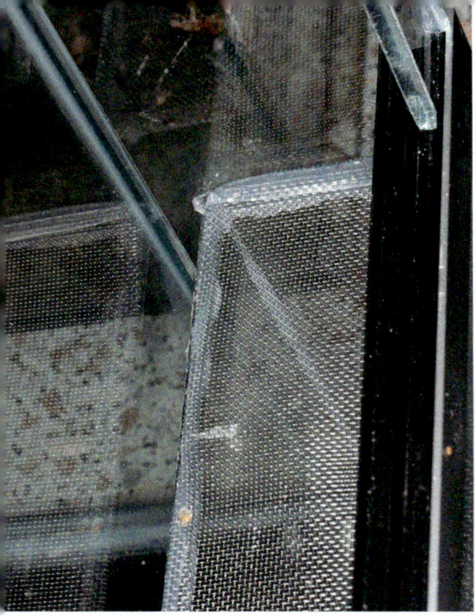

Lüftungsgitter hinter der Frontscheibe.

Drei verschiedene Möglichkeiten der Terrarienbelüftung.

Gut zu wissen
Mit der Größe der Lüftungsflächen steuert man auch die relative Luftfeuchtigkeit innerhalb des Terrariums. So führen kleine Gazeflächen zu hohen Werten, große hingegen zu niedrigen.

Da es in aller Regel relativ schwierig ist, die richtige Größe dieser Flächen im Voraus zu bestimmen, baut man vorsorglich besser Terrarien mit größeren Öffnungen: letztere können dann später je nach Bedarf teilweise mit Glasstreifen abgedeckt werden.

Hygienische Effekte

Eine andere Möglichkeit zur Verbesserung der Luftqualität stellen die sogenannten **Luftionisatoren** dar. Es ist kein Geheimnis mehr, dass sich in kleinen, abgeschlossenen Behältern wie unseren Terrarien, wo nur ein geringer Luftaustausch erfolgt, unnatürlich hohe Zahlen von Bakterien, Pilzsporen und Viren entwickeln. Dieser Umstand führt aller Wahrscheinlichkeit nach zur fortschreitenden Schwächung der Tiere, wodurch jene letztendlich schon „normalen" Infektionskrankheiten erliegen. Mit Hilfe der erwähnten Ionisatoren lassen sich aber Milliarden sogenannter negativer Ionen produzieren, die unablässig in die Luft geblasen werden, wo sie sich an Teilchen wie Staub, Bakterien und Pilzsporen heften und diese zu Boden ziehen.

Licht

Für viele Arten spielt die Beleuchtung eine ebenso wichtige Rolle wie die Temperatur: So ist etwa ihre Aktivität hauptsächlich von den Lichtverhältnissen, das heißt, dem Tag-Nacht-Rhythmus abhängig, an denen sich ihre Ruhe- und Aktivitätsphasen orientieren.

Gut zu wissen
Man muss dafür sorgen, dass der Jahrestemperaturzyklus mit der Beleuchtung synchronisiert wird, denn bei zahlreichen wichtigen Körperfunktionen und Verhaltensweisen ist bis heute ungeklärt, ob sie von der Temperatur, der Photoperiode oder einer Kombination aus beiden Faktoren ausgelöst oder gesteuert werden.

Ein Exempel für derartige Phänomene liefert uns das Europäische Chamäleon *Chamaeleo chamaeleon*: Hier fällt der Beginn der **Fortpflanzungsperiode** einiger Populationen im Mittelmeerraum genau mit dem Wechsel von zunehmender zu abnehmender Tageslänge zusammen. Nahezu exakt zwei Wochen nach dem längsten Tag, dem 21. Juni, beginnen die Tiere mit ihren Paarungsaktivitäten. Interessanterweise lassen sich die Echsen teilweise nicht einmal durch die künstliche Beleuchtung täuschen, sondern richten sich ausschließlich nach dem natürlichen Tageslicht!

Tageslängen
Die Sonnenscheindauer beträgt am Äquator – also auf 0° Breite – das ganze Jahr hindurch unverändert 12,1 Stunden. Bereits bei 10° nördlicher oder südlicher Breite beläuft sich die **Jahresschwankung** schon auf mehr als eine Stunde, sie bewegt sich also zwischen 11,6 und 12,7 Stunden. Wesentlich anders sieht es dann etwa am jeweiligen fünfzigsten Breitengrad aus: hier variiert die Helligkeitsperiode zwischen etwa 8,5 Stunden im Winter und 16,3 Stunden im Sommer.

Entgegengesetzte Jahreszeiten
Dabei ist zu bedenken, dass der Höhepunkt des Winters auf der Nordhalbkugel in den Januar fällt, auf der südlichen jedoch in den Juli. Erhält man also Tiere von der Südhalbkugel, ist es oft recht schwierig, sie auf unseren Jahresrhythmus umzugewöhnen. Steht das Terrarium in einem fensterlosen Klimaraum, kann man die „verkehrten" Jahreszeiten problemlos imitieren.

Gut zu wissen
Üblicherweise erhält man Tiere von der Südhalbkugel nur in unserem „Nordwinter", da sie dann ja aktiv sind. Am besten leitet man in diesem Falle die Winterruhe bzw. die kühlere „Jahreszeit" einfach sechs Monate später ein, wenn auch bei uns Temperaturen und Tageslänge naturbedingt abnehmen.

Bis zur Einleitung der Winterruhe bei diesen Tieren orientiert man Haltungswärme und Beleuchtungsdauer weiterhin möglichst konstant an den Verhältnissen, die während des Sommers im natürlichen Lebensraum der Tiere vorherrschen. Allerdings birgt diese Methode oft auch Probleme.

Einfacher gestaltet sich demgegenüber schon die Pflege von bei uns geborenen Nachzuchten, da sie von vornherein an die europäische Photoperiode, die Schwankung der Tageslänge also, und die hiesigen Temperaturverläufe gewöhnt sind.

Tipp

Auch für den Normalterrarianer lässt sich eine kühle Haltungsphase im Winter wesentlich leichter als im Hochsommer simulieren. Letzteres wäre nur mit einer ausgeklügelten und leider auch sehr teuren Technik möglich, von den Energiekosten ganz zu schweigen.

Licht am Standort

Der ideale Aufstellplatz eines Terrariums befände sich folglich unter einem Plexiglasdach, wie man es etwa in Wintergärten, Gewächshäusern und – besonders häufig – zoologischen Gärten antrifft. Da diese Standortwahl für viele Reptilienarten zahlreiche Vorteile aufweist, wollen wir uns später noch ausführlicher mit ihr auseinandersetzen.

Verlässliche Angaben zu den **Lux-Zahlen**, welche die einzelnen Arten benötigen, liegen nicht vor und wären auch nur schwer zu machen. Die höchsten Ansprüche stellen dabei die Sonnenanbeter unter den Reptilien und Wirbellosen dar, wie zahlreiche Chamäleons, Agamen, Leguane und Gottesanbeterinnen.

Oft leben diese Tiere in ausgesprochen **offenen Landschaften**, wie Wüsten oder Trockensavannen. Um diesen Arten – aber auch allen anderen – dennoch eine angemessene Lichtstärke zu bieten und nicht zuletzt aus Energiespargründen, sollten zur Beleuchtung nur hochwertige Strahler und Leuchtstoffröhren eingesetzt werden.

„Sonnenersatz"

Vergleicht man die Lichtintensität künstlicher Beleuchtungskörper – auf die wir bei der Terrarienhaltung leider angewiesen sind – mit der des natürlichen Sonnenlichts, so wird schnell deutlich, dass dessen Werte im Behälter nicht einmal annähernd zu erreichen sind. Während ihrer Aktivitätsperioden sind viele unserer Pfleglinge fast nie geringen Lichtmengen ausgesetzt, sieht man einmal von streng nachtaktiven oder ausschließlich auf dem Regenwaldboden lebenden Arten ab.

Wie viele Leuchtstoffröhren oder Strahler benötige ich für ein bestimmtes Terrarium?

Diese Frage lässt sich nicht immer so pauschal beantworten, wie es manche Literaturangaben vermuten lassen.
Es hängt unter anderem ab

1. von der jeweils gepflegten Reptilien-Amphibien- oder Wirbellosenart,
2. vom Behältertyp,
3. von der Bepflanzung,
4. von der Terrarientiefe und -höhe,
5. vom Standort.

Hier hilft nur eines: erfahrene Terrarianer fragen und sich auf die eigene gesunde Beobachtungsgabe verlassen. (Näheres siehe Beleuchtung Seite 71).

Beleuchtungsdauer

Sie sollte, wenn nötig, im **Jahreszeitenrhythmus** schwanken oder täglich etwa 12–14 Stunden betragen. Bei der **Vermehrung** bestimmter Wirbelloser kann sogar eine ganzjährig konstante

Beleuchtungsdauer von über 14 Stunden erforderlich sein.

Auch ganz andere physiologische Vorgänge werden vom Licht und seiner Intensität gesteuert oder zumindest beeinflusst. Dies betrifft vor allem die Reptilien. So zeigen viele Arten ihr schönstes **Farbkleid** und ihr volles **Verhaltensrepertoire** erst bei ausreichender Lichtmenge. Es scheint sicher, dass der **Stoffwechsel** durch eine entsprechende Lichtintensität positiv angeregt wird.

Info

Registriert wird die Lichtintensität aller Wahrscheinlichkeit nach durch das Scheitel- oder Parietalauge, ein rudimentäres Sinnesorgan auf der Kopfoberseite. Bei einigen Echsen ist es gut an seiner entfernt wie ein Auge wirkenden Zeichnung zu erkennen. Man vermutet heute, dass die Tiere damit ihren endogenen Rhythmus steuern: dazu gehören unter anderem die Regulation der Körpertemperatur und die Dauer der Sonnenbäder, aber auch solche Körperfunktionen wie Wachen und Schlafen.

Strahler mit Schutzkorb (Firma Namiba Terra).

Natürliches UV-Licht

Vielen Arten sollte man nach Möglichkeit einen kurzen Sommerurlaub im Freilandterrarium oder in einer Voliere auf dem Balkon ermöglichen.

Dort wirkt sich oft auch die natürliche UV-Strahlung sehr positiv aus. Auch dafür scheint das Parietalauge verantwortlich zu sein, denn man konnte dort neben Sehzellen auch solche nachweisen, die für UV-Licht empfindlich sind.

Gut zu wissen

Anmerkungen über die UV-Strahlung: Ein Spektralbereich dieser Lichtfarbe, insbesondere das UV-B, ist für zahlreiche unserer Pfleglinge unerlässlich. Da UV-Strahlen von Glas absorbiert werden, müssen alle Lampen, deren Licht einen für die Pfleglinge erforderlichen UV-Anteil enthält, über Drahtgaze oder im Terrarium geschützt durch einen Drahtkorb angebracht werden.

Feuchtigkeit

Als letzter wichtiger Klimafaktor muss noch die Feuchtigkeit erwähnt werden. Es ist kein Geheimnis, dass Lebewesen ohne Wasser nicht existieren können. Dies gilt im ganz besonderen Maße für Amphibien, aber genauso für Gliederfüßer und Reptilien. Alle Tiere müssen ihren **Flüssigkeitsbedarf** aus irgendeiner Quelle decken. Im Normalfall trinken sie dazu direkt Wasser.

Einige Gliederfüßer- und Reptilienarten aus hochariden Regionen unserer Erde haben sich diesen extremen, an sich durchaus lebensfeindlichen Habitaten dadurch angepasst, dass sie die lebensnotwendige Feuchtigkeit fast ausschließlich ihrer **Nahrung** entnehmen. Andere Spezies – hauptsächlich die Amphibien – können ihren Flüssigkeitsbedarf zumindest teilweise decken, indem sie Wasser direkt durch die **Haut** aufnehmen; wieder andere sind wenigstens zeitweise sekundär erneut zum Leben im Wasser übergegangen. Das bekannteste Beispiel für dieses Phänomen ist der Axolotl (*Ambystoma mexicanum*) aus Mexiko.

Daraus ergibt sich, dass die Feuchtigkeit das Leben unserer Pfleglinge auf recht unterschiedliche Art und Weise beeinflusst. Zum einen in Gestalt der jeweils vorherrschenden relativen **Luftfeuchtigkeit**, andererseits durch **Niederschläge** oder als **Substratfeuchte** des betreffenden Habitats. Nicht zu vergessen ist dabei, dass Wasser für einige Arten natürlich auch gänzlich zum Lebensraum werden kann. Die relative Luftfeuchtigkeit kann in den einzelnen Lebensräumen eine recht unterschiedliche Ausprägung erfahren.

Für eine artgerechte Tierhaltung sind präzisere Informationen zu diesem Aspekt unerlässlich, wirkt er sich doch in vielfacher Hinsicht auf die Physiologie der Tiere aus.

Bei Amphibien führt die relative Luftfeuchtigkeit zur Aktivitätssteigerung, während sie bei vielen Reptilien – aber auch und vor allem Wirbellosen – unter anderem für den reibungslosen Ablauf der **Häutung** sorgt.

Linke Seite: Dendropsophus leucophyllatus. Besonders ausgeprägt ist die Abhängigkeit von ausreichender Umgebungsfeuchte bei den Amphibien, weil sie ihre dünne Haut kaum vor Austrocknung schützt. So leben sie auch fast durchweg in ausgesprochenen Feuchtgebieten.

Tipp

Für Wirbellose, die sich hauptsächlich in den frühen Abendstunden häuten, empfiehlt sich der Einsatz eines Ultraschall-Luftbefeuchters: Dieser bringt die relative Luftfeuchtigkeit zur gewünschten Tageszeit auf die erforderliche Höhe von 80–100% und sorgt somit für die problemlose Häutung zahlreicher Insektenarten.

Verteilung der Luftfeuchtigkeit

Die relative Luftfeuchtigkeit der bodennahen Luftschichten resultiert in aller Regel aus der Abgabe von Feuchtigkeit durch die feste Oberfläche. Vereinfacht kann man sie daher den einzelnen Luftschichten folgendermaßen zuordnen:

- Ihr **höchstes Niveau** erreicht sie in **Regenwaldgebieten**, wo sie sich gleichmäßig auf bodennahe und höhere Luftschichten verteilt.
- In den heißen **Trockengebieten** der Tropen und Subtropen **schwankt** sie im Tagesverlauf enorm: meist ist sie nachts am höchsten, und in Bodennähe fast immer geringer als in den oberen Luftschichten.
- Genau **umgekehrt** verhält es sich in **gemäßigten Feuchtklimaten**.

Gut zu wissen
Auch hier benötigen wir präzise Informationen über den Lebensraum der Tiere. Was nützt uns schon die Angabe, dass ein Gecko aus den heißen und ariden Savannenlandschaften Afrikas stammt, wenn er dort nicht unter trockenen, ständig allen täglichen Klimaschwankungen ausgesetzten Steinen sitzt, sondern in Termitenbauten lebt, die ganzjährig eine konstante relative Luftfeuchtigkeit von 80% und Temperatur zwischen 28 und 29 °C aufweisen?

Niederschlag und Fortpflanzung

Am meisten beeindruckend in freier Natur wirkt ein heftiges Gewitter in der Wüste – vor allem, wenn es längere Zeit nicht mehr geregnet hat. Die Tiere verlassen dann ihre Verstecke oft schon, bevor die ersten Tropfen fallen, und begeben sich auf die Jagd. Noch am selben Tag oder spätestens am nächsten beginnen sie mit der Fortpflanzung, denn die Zeit, in der ihnen ausreichend Nahrung zur Verfügung steht, ist oft nur knapp bemessen.

Info
Ganz allgemein bestimmt bei vielen Spezies der Wechsel von Trocken- und Regenzeit den Verlauf ihrer Fortpflanzungaktivitäten. Daher ist eine Imitation des natürlichen Jahreszeitenrhythmus oft unerlässlich.

Die zweite Form, in der sich der Faktor Feuchtigkeit auf die Umwelt auswirken kann, ist also der Niederschlag. Er übt ebenso auf zahlreiche Amphibienarten eine aktivitätsfördernde Wirkung aus. Ein plötzlicher **Regenschauer** äußert sich oft sehr direkt und spontan: Hat man zum Beispiel über längere Zeit Kubalaubfrösche *(Osteopilus septentrionalis)* gepflegt, ohne dass die Tiere zur Fortpflanzung geschritten wären, so reicht es oft aus, ihr Terrarium mehrere Nächte hintereinander mit Hilfe einer Aquarienpumpe konstant zu **beregnen**, um das gewünschte Fortpflanzungsverhalten auszulösen. Das Überbrausen des Behälters kann auch bei einigen wüstenbewohnenden Echsen, Schildkröten und Ähnlichen zum Auslöser für das Paarungsverhalten werden.

Wasser als Lebensraum

Für viele Arten stellt das Wasser sekundär ihren natürlichen Lebensraum dar. Solche Spezies sollten in möglichst großen **Aquarien** gepflegt werden, die gegebenenfalls über einen kleinen **Landteil** verfügen. Das Fortpflanzungsverhalten wird hier in aller Regel durch Temperaturschwankungen ausgelöst. Allerdings sollte man stets genau wissen, woher die Tiere

Schlüpfendes Chamaeleo gracilis.

stammen, beispielsweise aus stehenden oder fließenden Gewässern.

Substratfeuchte

Ebenfalls entscheidend wirkt sich bei der Pflege vieler Spezies die Substratfeuchte aus – ein Faktor, dem leider allzu oft zu wenig Beachtung beigemessen wird. Zahlreiche Arten verfügen über die Fähigkeit, durch ihre Haut Feuchtigkeit aus dem Substrat aufzunehmen, sodass sie relativ unabhängig von offenen Gewässern sind.

Sehr wichtig für die Pfleglinge sind oft feuchte Verstecke und **Rückzugsgebiete** im Terrarium, weil sie aufgrund der **Verdunstungskälte** meist eine kühlere Lufttemperatur als das eigentliche Habitat aufweisen.

Dendrobates tinctorius, er braucht Feuchtigkeit, um seine Kaulquappen großzuziehen.

Wichtig

Von entscheidender Bedeutung ist die richtige Substratfeuchte bei der Pflege von Tieren, die sich durch die Ablage **weichschaliger**, also typisch squamatenhafter **Eier** fortpflanzen, doch gilt dies auch für die empfindlichen **Gelege** von Gliederfüßern.

Alle von einer pergamentartigen Hülle umgebenen Reptilieneier nehmen die für ihre Entwicklung benötigte Feuchtigkeit durch die wasserdurchlässige Schale auf. Eine **zu niedrige** Substratfeuchte würde durch Osmose zu einem Flüssigkeitsverlust und damit zum Einfallen (Absterben) der Eier führen. **Zu hohe** Substratfeuchte wiederum kann gelegentlich eine übermäßige Wasseraufnahme verursachen, sodass der Embryo schließlich erstickt, da er nicht mehr imstande ist, die Hülle aufzuschlitzen.

Die meisten **Amphibienarten** hingegen legen ihre Eier direkt ins Wasser, wo sich dann die Entwicklung und später die der Kaulquappen vollzieht. Nur wenige Spezies haben sich völlig vom feuchten Element gelöst und setzen ihre Gelege an Land ab. Oft haben sie komplexe Strategien zur Wasserversorgung des Nachwuchses entwickelt. Bekanntestes Beispiel dafür sind die Pfeilgiftfrösche der Gattungen *Dendrobates* und *Phyllobates*, bei denen die Eltern ihre Gelege aktiv bewässern.

Die Eier oder Gelege von **Wirbellosen** sind oft auf eine gewisse Substratfeuchtigkeit angewiesen. Bei angehefteten Ootheken (Eierpaketen, Kokons) und ähnlichen Gebilden wirkt sich dies oftmals in Gestalt der relativen Luftfeuchtigkeit aus, weshalb sie aus dem Terrarium entfernt und in separaten Dosen zur Zeitigung gebracht werden müssen.

Überwinterung

Zum Abschluss unserer Klimabetrachtung wollen wir noch kurz einige praktische Tipps zum Thema „Überwinterung" geben, da diese erfahrungsgemäß in der Praxis gerade dem Anfänger große Schwierigkeiten bereitet. Es empfiehlt sich auch hier wie so oft, mit einem erfahrenen Terrarianer Kontakt aufzunehmen und um praktische Ratschläge zu bitten.

Alle Amphibien und Reptilien aus den gemäßigten Breiten suchen zu Beginn der kalten Jahreszeit ein **frostfreies Versteck** auf. Meist vergraben sie sich dafür einfach im lockeren Erdreich.

Dort fallen sie in einen Zustand der Bewegungslosigkeit, die sogenannte **Winterruhe** oder -starre, sobald die Temperaturen nicht mehr ausreichen, um ihren Stoffwechsel ungestört weiter ablaufen zu lassen. Allerdings kommt dieser nicht vollständig zum Stillstand. Auslöser dieses Verhaltens ist wahrscheinlich eine Kombination aus abnehmender Tageslänge und sinkenden Temperaturen.

Gut zu wissen

Welche Arten benötigen überhaupt eine „echte" Winterruhe? Darauf lässt sich keine pauschale Antwort geben. Bei einigen Spezies ist es zum Beispiel sogar von Vorteil, die Jungtiere in den ersten Lebensjahren wesentlich kürzer oder überhaupt nicht zu überwintern.

Pro und Contra

Insgesamt stellt die Überwinterung ein hochumstrittenes Thema dar, denn sie birgt immer ein gewisses **Risiko**. Viele Spezies benötigen sie als **Auslöser** für ihr **Fortpflanzungsverhalten**, und auch im Hinblick auf eine höhere **Lebenserwartung** spielt sie oft eine entscheidende Rolle. Doch „keine Regel ohne Ausnahme". So ist es etwa bei der Haltung und Zucht einiger südeuropäischen Schlangenarten schon geglückt, die Tiere ohne echte Überwinterung zur Nachzucht zu bringen, indem man lediglich Temperatur und Beleuchtungsdauer etwas herabgesetzt

Europäische Landschildkröten sollten idealerweise eine Winterruhe einlegen können.

hat. Hier liegt allerdings noch erheblicher Forschungsbedarf vor.

Natürlich ist es nicht so, dass solche Tiere, die keine echte Überwinterung benötigen, sich nun ohne saisonale Pause unentwegt fortpflanzten. Auch sie sind oft auf einen gewissen klimatischen **Jahreszeitenrhythmus** angewiesen – nur braucht dieser nicht so stark ausgeprägt zu sein. In aller Regel kommt er durch die kühleren Wintertemperaturen ganz von allein zustande, oder er lässt sich durch Abschalten der Heizung und Verkürzung der Beleuchtungsdauer herbeiführen.

Wo überwintern?

Als Behälter zum Überwintern der Tiere eignen sich allgemein größere, ältere Terrarien, die in einem kühlen, frostsicheren Raum aufgestellt werden. Hierfür kommen Garagen, Schuppen und sehr kalte Kellerräume in Frage, die durchweg mit einem Frostwächter geschützt werden müssen.

- Es muss sichergestellt sein, dass Nager wie Ratten und Mäuse die schlafenden Tiere nicht erreichen können, da sie diese sonst an- oder gar auffressen würden.
- Die Einrichtung des Überwinterungsbehälters besteht aus einer mindestens 30 cm hohen Bodenschicht, zum Beispiel einem Sand-Torf-Laub-Gemisch mit einigen schräg eingesetzten Steinplatten.
- Eine geringfügige Substratfeuchte muss während der ganzen Zeit gewährleistet sein und sollte durch regelmäßige Kontrollen garantiert werden. Die Substratschicht deckt man teilweise mit trockenem Laub und flachen Steinplatten ab.
- Sehr wichtig ist auch ein Wasserschälchen mit stets frischem Trinkwasser.

Gut zu wissen

Ein Frostwächter ist ein mit einem elektrischen Regler versehenes Heizgerät. Er verhindert, dass die Temperaturen unter den Mindestwert von ca. 5 °C sinken.

Temperaturen bei der Überwinterung

Europäische Landschildkröten überwintert man am besten in einem Kühlschrank bei 4–6 °C.

Die Raumtemperatur sollte – je nach der zu überwinternden Art – etwa bei 5 bis maximal 16 °C liegen. Über den Terrarien wird ein kleinerer Wärmestrahler installiert, der jeden Tag etwa vier Stunden brennt und den Tieren so eine lokale Möglichkeit zum Aufwärmen gibt. Er darf aber nicht den Bodengrund aufheizen und sollte auch die Lufttemperatur im Terrarium nur geringfügig erhöhen.

Wichtig

Zahlreiche Terrarientiere unterbrechen ihre Winterruhe für kurze Zeitabschnitte (1–3 Tage) und halten sich dann an der Oberfläche auf. Sie verschwinden aber anschließend meinst wieder von allein. Sollten sie sich jedoch nicht mehr selbstständig verbergen, so muss der Winterschlaf behutsam abgebrochen werden.

Der Standort des Terrariums

Sobald der Entschluss gefasst ist, einen Behälter zur Pflege von Terrarientieren anzuschaffen, muss man sich als erstes Gedanken zum Standort machen. Diese immer wieder auftauchende Frage darf nicht vernachlässigt werden, da der Standort entscheidenden Einfluss auf das Terrarienklima hat. Nur in den seltensten Fällen wird man seine Becken nämlich in einem exakt ausgerichteten Klimaraum unterbringen können.

Erhitzung durch Sonneneinstrahlung

Der wichtigste Faktor ist dabei die Temperatur. Können die Sonnenstrahlen ein Terrarium mit ihrer ganzen Kraft erreichen, so steigen die Werte sehr schnell auf ein für Reptilien nicht mehr erträgliches Niveau. In sehr **kleinen Behältern**, zum Beispiel Auf-

Terrarienanlage, die perfekt in den Raum eingepasst wurde.

zuchtterrarien, genügen selbst bei mäßiger Sonneneinstrahlung mitunter schon wenige Minuten, um die Wärme über die maximal erträglichen Werte steigen zu lassen.

Der häufig in der Literatur zu lesende Hinweis, den Standort eines Terrariums so zu wählen, dass eine gewisse direkte Sonneneinstrahlung möglich ist, bezieht sich wohl ausschließlich auf **Gazebehälter**, in denen es niemals zu einem Hitzestau kommen kann.

Auch bei den Pfleglingen gibt es erhebliche individuelle Unterschiede: Während es einigen nordamerikanischen Stachelleguanen der Gattung *Sceloporus* scheinbar gar nicht warm genug werden kann – sie fühlen sich teilweise erst bei 45 °C richtig wohl, ist für andere Arten das lebensbedrohliche Maximum dann bereits lange überschritten. Viele Salamander und Molche lassen sich beispielsweise nur in dauerhaft **kühlen Kellern** wirklich artgerecht pflegen.

Wohnraum mit einem Tischterrarium.

Gut zu wissen

Man muss bedenken, dass die Sonneneinstrahlung während des Winters in einem wesentlich schrägeren Einfallswinkel erfolgt, sodass die Sonne in der Lage ist, auch Behälter zu erreichen, die vorher außerhalb ihres Einstrahlungsbereiches lagen. Je größer ein Terrarium ist, und je besser die Belüftung funktioniert, desto geringer ist die Gefahr der Überhitzung.

Bei den meisten echten Regenwaldbewohnern und zahlreichen Vertretern der Amphibienfauna aus den gemäßigten Breiten ist es dagegen wichtig, dass die Tiere bei stets **leicht erhöhter Zimmertemperatur** gehalten werden.

Um diesem Problem der Überhitzung vorzubeugen und das Terrarienklima selbst bestimmen zu können, ist als Standort ein **Nordzimmer** oder ein gut **isolierter Kellerraum** zu empfehlen.

Tipp

Es ist immer viel leichter, die Temperaturen im Terrarium zu erhöhen, als sie künstlich zu senken. Pflegt man Arten aus den gemäßigten Breiten im Keller, so braucht man zur Einleitung ihrer Winterruhe in aller Regel nur die Heizung abzustellen und die Beleuchtungsdauer zu reduzieren, was die Haltung wesentlich vereinfacht.

Zu starke Abkühlung vermeiden

Wichtig ist natürlich auch, dass die Temperaturen – je nach gepflegter Art und imitierter Jahreszeit – nicht zu stark absinken.

Die allergrößte Gefahr geht dabei von **Gewächshäusern** und **Wintergärten** aus, aber auch in einem **schlecht isolierten** Keller können die Werte schon einmal unter die Frostgrenze sinken.

Hier muss man Vorsorge tragen, indem man dort von einem elektronischen Temperaturfühler gesteuerte Heizungen installiert, die ein allzu starkes Absinken der Raumwärme verhindern.

Wichtig

In jedem Fall sollte schon vor dem Einzug der Tiere die Behältertemperatur über einen längeren Zeitraum hinweg regelmäßig gemessen werden. Nur so besteht die Möglichkeit, gegebenenfalls nachzujustieren. Außerdem lässt sich dadurch kontrollieren, wie verlässlich die eingestellten Werte über einen längeren Zeitraum erhalten bleiben.

Selbstbau oder Kauf?

Die Anschaffung eines Terrariums ist kein Problem, hat doch der **Handel** bereits eine riesige Palette von verschiedenen Terrarientypen im Angebot. Aber nicht jedes Maß – und schon gar nicht besondere Vorrichtungen wie größere Lüftungsflächen oder Wasserteile – sind dort erhältlich. Auf diese Lücke haben sich Firmen spezialisiert, die jedes Terrarium genau nach Wunsch **anfertigen**; entsprechende Adressen findet man in den einschlägigen **Fachzeitschriften** wie DATZ, elaphe, REPTILIA und anderen.

Der Saugheber erleichtert die Handhabung von Scheiben beim Terrarienbau.

Solche Behälter sind normalerweise nicht gerade preiswert, und um unsere eigenen Vorstellungen besser zu verwirklichen und den teilweise hochspezifischen Ansprüchen der Pfleglinge wirklich gerecht werden zu können, bleibt häufig keine Alternative zum **Selbstbau**. Voraussetzung dafür ist aber, dass man über das nötige **handwerkliche Geschick** verfügt.

Für große Arten müssen die Behälter eine wesentlich höhere Stabilität aufweisen, damit die Tiere sie beim Laufen, Klettern und Springen nicht beschädigen können. Dies wäre nur noch durch eine enorme Glasstärke sicherzustellen. Es empfiehlt sich daher, einen **stabilen Rahmen** zu konstruieren, in den dann die Scheiben eingesetzt werden, oder das Becken gar aus Stein zu mauern. **Bauanleitungen** finden sich auch hierfür in der Fachliteratur reichlich.

Terrarienrohbau, der auf Aluprofilen basiert.

Tipp

Der am besten geeignete Beckentyp für kleine und mittlere Arten ist das silikongeklebte Glasterrarium, da es sich leicht bauen, reinigen und desinfizieren lässt.

Für wirkliche **Großterrarien** eignen sich eigentlich nur noch fest gemauerte Konstruktionen, die man am besten von einem Fachmann aufführen und nach Wunsch verputzen lassen sollte. Da das Mauerwerk in aller Regel Feuchtigkeit aufnimmt, sollte die **Bodenwanne** mit einer Folie ausgelegt oder einfach gefliest werden.

Bei der Planung weiter zu bedenken

Als nächstes beginnt das Nachdenken über die verschiedenen Möglichkeiten, Tiere im Terrarium **artgerecht** zu **pflegen**. Dabei sollte man immer von ihren konkreten Bedürfnissen ausgehen, dies betrifft insbesondere die **Behältergröße**, den **Nahrungsbedarf** und nicht zuletzt den **Zeitaufwand**, der für eine sachgemäße Haltung erforderlich ist. So ist ein Jungtier schnell gekauft, ohne dass man allzu viele Gedanken an die Vorstellung verschwendet, dass daraus einmal ein großer, stattlicher Terrarienbewohner werden könnte.

Chamäleons sind oft territorial und müssen einzeln gepflegt werden.

Terrariengröße

Die wichtigste Frage im Zusammenhang mit der tiergerechten Haltung lautet: Wie groß muss das Terrarium für eine bestimmte Spezies mindestens sein? Hier kommen verschiedene Faktoren zum Tragen, zum Beispiel das **Format** und die **Einrichtung**.

So ist für **kletternde** oder **baumbewohnende** Arten die Bodenfläche im Gegensatz zur Höhe eher zweitrangig, da sich etwa auf Bäumen lebende Vogelspinnen hauptsächlich an den Seitenflächen, an der Rückwand oder auf den Einrichtungsgegenständen aufhalten. Zum Erdboden steigen sie höchs-

Gut zu wissen
Busch- und teilweise auch Bodenbewohner benötigen ganz allgemein ein möglichst großes Volumen.

tens bei der Jagd hinab. Andererseits ist für eine **bodenbewohnende Spezies** die Behälterhöhe weitgehendst belanglos.
Bei der Wahl der Größe wird man sich, sobald das geeignete Format feststeht, von folgenden Überlegungen leiten lassen.

Größe und Temperament des adulten Terrarientieres

Das Tier sollte ohne Einschränkung in der Lage sein, sein typisches **Bewegungsverhalten** zu zeigen. Dazu können etwa Sprünge und kurze Sprints bei der Jagd gehören. Gerade dabei entfalten einige Arten – etwa bei der Verfolgung ihrer Beute oder wenn sie erschreckt werden – häufig einen derart ungestümen Bewegungsdrang, dass sie blindlings mit dem Kopf gegen die Scheibe stoßen.

Beobachten wir dieses Verhalten bei unseren Tieren, sollten wir zuerst versuchen, allen unnötigen Kollisionen durch das Bereitstellen mehrerer Versteckmöglichkeiten sowie das Verkleiden der Scheiben vorzubeugen.

Kommt es trotzdem weiterhin zu solchen Unfällen, so benötigen unsere Pfleglinge unbedingt ein größeres Terrarium! Das individuelle Temperament der Tiere fällt von Art zu Art sehr verschieden aus – auch hier hilft in den meisten Fällen nur die eigene Beobachtungsgabe weiter.

Gut zu wissen
Kleinere Schlangenarten beanspruchen beispielsweise eine Behälterlänge von mindestens 150% ihres Gesamtmaßes. Lebhafte Spezies benötigen in der Regel wesentlich größere Terrarien als vergleichsweise ruhige.

Die Anzahl der Tiere

Hierbei ist unbedingt zu bedenken, dass mehrere Artgenossen einander erheblich stärker stören als Angehörige verschiedener Spezies. Auch darf man nie vergessen, dass zahlreiche Terrarienbewohner ihre Mitbewohner – vor allem, wenn diese unter Umständen nur unwesentlich kleiner sind – lediglich als willkommene Leckerbissen ansehen. Es kann daher meist nur eine Einzel- beziehungsweise paarweise Haltung empfohlen werden.

Das unterschiedliche Aggressionsverhalten

Auch dieses erfordert zum genauen Einschätzen der Verträglichkeit eine gute Beobachtungsgabe. Die wichtigste Verhaltensäußerung ist dabei das sogenannte Revier- oder **Territorialverhalten**: Zahlreiche Arten dulden in ihrem Einflussbereich, teilweise auch im engeren Aktionsraum, keine weiteren Artgenossen oder Vertreter ähnlicher Spezies. Je nach dem konkreten Aggressivitätsgrad kommt es zur Revierbildung – oder auch nicht. Sogar wenn das Terrarium kleiner ist als die Mindestgröße eines Territoriums, kann sich eine gewisse Hierarchie herausbilden.

Eher **verträgliche Arten** bilden im Terrarium keine Reviere mehr und

dulden dann auch andere Tiere in ihrer Nähe. Dies liegt zum einen an der Gewöhnung, aber sicherlich auch an dem stets **ausreichend** vorhandenen **Futter**.

Andere Spezies zeichnen sich durch eine **eingeschränkte Hierarchie** aus. Häufig sind dies Arten, die auch **in der Natur gruppenweise** oder zumindest in hohen Populationsstärken auftreten. Will man in einem großen Becken eine entsprechende Anzahl von Individuen solcher Spezies pflegen, so fängt man mit der **gemeinsamen Aufzucht** an und versucht so, eine **harmonierende Gruppe** zusammenzustellen.

Gerade hier müssen auch für **unterlegene Tiere** die wichtigsten **Aufenthaltsorte** in ausreichender Zahl vorhanden sein; dazu gehören gute Sonnenplätze und kühle, geschützte Verstecke, aber auch Stellen, an denen die Tiere **ungestört** und unbeobachtet ihre Nahrung aufnehmen können.

Die Einrichtung ist entscheidend

Ganz großen Einfluss auf die Anzahl der in einem Terrarium gepflegten Individuen kommt der Einrichtung zu: So kann man durch Aufrechtstellen einiger dicker Äste den **Aktionsraum** für zahlreiche Echsen erheblich vergrößern und durch eine geschickte **Einteilung des Raumes** mehrere Reviere schaffen, die natürlich alle ihre eigenen Wärmequellen und kühlen Verstecke besitzen müssen. Neben diesen Faktoren sind auch die rechtlichen Vorgaben zu beachten, siehe dazu Seite 116, Tier- und Artenschutz.

Linke Seite: Regenwälder sind der Lebensraum zahlreicher Reptilien.

Terrarientypen

Terrarientypen

Dies ist bei einem thematisch so umfassenden Buch wie diesem sicher nicht leicht darzustellen. In „Bertelsmanns Volkslexikon“ wird das Terrarium als Glasbehälter zur Haltung von Kleintieren definiert, doch versteht man darunter allgemein jedweden Behälter zur Pflege von Wirbellosen, Amphibien und Reptilien. Daher behandeln wir hier auch das Aquarium zur Pflege von Krallenfröschen oder Wasserschildkröten.

Sinnvolle Einteilungen in unterschiedliche Terrarientypen gibt es sehr viele. Da wäre erst einmal die Differenzierung nach dem Klima in die Varianten „beheiztes“ und „unbeheiztes Feucht-“ oder „Trockenterrarium“. Doch wäre diese Einteilung wenig hilfreich und unvollständig, wenn etwa das Aquarium oder die Insektendose fehlten.

Im Folgenden beschreiben wir einige Grundtypen von Terrarien, in denen jeweils die unterschiedlichsten Bewohner gepflegt werden können. Dabei haben wir, neben dem Kriterium „Klima“ auch weitere, etwa „Bauart“, sprich Stabilität, „Lebensraum“ und „Lebensweise“ berücksichtigt.

Gut zu wissen
Aufgrund des teilweise enormen Spezialisierungsgrades der verschiedenen Spezies können die hier vorgestellten Modelle nur eine Auswahl sein und nicht alle Bedürfnisse der einzelnen Arten befriedigen. Hier bleibt jedem Terrarianer nichts anderes übrig, als selbst an der Optimierung der Haltungsbedingungen zu feilen.

Aquarium

Ein reines Aquarium wird in der Terraristik nur selten verwendet, weil es sich nur zur Pflege von Arten eignet, die vollständig an das Leben im Wasser angepasst sind und keinen Landteil benötigen. Dies gilt vor allem für die **Larven** zahlreicher Frosch- und Schwanzlurche, aber auch für die Adulti einiger **Amphibienarten**.

Aquarien der unterschiedlichsten Bauweisen und Maße sind im Zoofachhandel erhältlich, und auch der Selbstbau gestaltet sich hier vergleichsweise problemlos, da aufwendige Klebearbeiten, wie sie etwa für die Lüftungsflächen erforderlich sind, entfallen.

Nicht vergessen darf man, dass wegen des hohen Gewichtes stets ein **stabiler Unterbau** vorhanden sein muss. Über das Betreiben, die Einrichtung und die Wartung eines solchen Behälters brauchen wir uns an dieser Stelle wohl nicht allzu ausführlich auszulassen.

Grundsätzlich bestehen hierbei aber kaum Unterschiede gegenüber der Unterhaltung eines Fischaquariums, und daher findet der Interessierte alle nötigen Informationen in der entsprechenden Aquaristikliteratur.

Gut zu wissen
Bei der Auswahl sollte man tunlichst für ein eher breites als hohes Modell entscheiden, da nur eine möglichst große Oberfläche den notwendigen Gasaustausch gewährleistet.

Das Aquarium sollte des Luftaustauschs wegen eher breit als hoch sein.

Technik beim Aquarium

Die **Beleuchtung** erfolgt am günstigsten durch Leuchtstoffröhren, die Regelung der **Wassertemperatur** mit einem VDE-geprüften Heizregler.

Hierbei ist jedoch unbedingt darauf zu achten, dass dieser so angebracht ist, dass sich die Tiere keine Verbrennungen oder Verbrühungen zuziehen können. Die **Reinigung** des Wassers erfolgt möglichst mit einem für eine wesentlich höhere Literzahl ausgelegten **Filter**.

Als **Bodengrund** verwendet man am besten den üblichen **Aquarienkies**, der ebenso wie einige robuste **Wasserpflanzen** – beispielsweise die große Amazonasschwertpflanze oder die verschiedenen Arten der Sumpfschraube (*Vallisneria* spp.) – im Aquarienfachhandel erhältlich ist. **Verstecke** schafft man am einfachsten durch das Einbringen von **Moorkienholzwurzeln**. Alle hier erwähnten Gegenstände sind in jedem guten Zoofachgeschäft zu bekommen.

Gut zu wissen

Trotz Wasserfilter sollte grundsätzlich einmal pro Woche ein Teilwasserwechsel, etwa 30–50% der Wassermenge, erfolgen.

Aquaterrarium (Firma Hoch) für Wasserschildkröten.

Aquaterrarium

Beim Aquaterrarium handelt es sich um ein Aquarium, das mit einem Landteil versehen ist. Dieser Behältertyp eignet sich zur Pflege der unterschiedlichsten **Amphibien- und Reptilienarten** und ist daher in zahlreichen Varianten verbreitet. So unterscheidet man zum Beispiel das **ungeheizte** Aquaterrarium, welches sich zur Pflege zahlreicher Molch- und Salamanderarten eignet, von den **beheizten** Aquaterrarien. Letztere finden wohl am häufigsten bei der Pflege von kleinbleibenden Krokodilen, Wasserschildkröten und -schlangen Verwendung.

Größen, Bauart und Einrichtung

In Frage kommen eigentlich nur größere oder sehr große Glasterrarien, in die ein Landteil eingesetzt oder sorgfältig eingeklebt wird. Oft ist es besser, andere einfache und zweckmäßige Behälter wie große Plastikwannen, Fertigteiche und so weiter zu verwenden, da die Tiere häufig ein enormes **Bewegungsbedürfnis** haben.

Will man noch größere typische Bewohner von Aquaterrarien pflegen, etwa Krokodile, verschiedene Riesenschlangen, beispielsweise Anakondas der Gattung *Eunectes* oder sehr große Wasserschildkrötenarten, dann sollten **Wasser- und Landteil** immer fest **ge-**

mauert sein, ähnlich wie entsprechende Behälter in Zoos.

Aber nicht alle Bewohner eines Aquaterrariums stellen derartige Raumansprüche. Viele Amphibienarten, aber auch Wassernattern und einige Echsen wie der Wasseranolis (*Anolis oxylophus*) können in recht bescheiden dimensionierten Becken gepflegt werden.

Gut zu wissen
Wichtig ist auch die Abdeckung des Aquaterrariums, vor allem bei Arten, die gut klettern können. Schlangen sind bekanntlich häufig unterschätzte Ausbruchskünstler.

Landteil

Der Landteil muss für die Tiere leicht zu ersteigen sein. Er sollte daher immer **leicht schräg** ins Wasser hineinreichen und darf keine glatten Flächen aufweisen. Bildet eine Glasscheibe den Einstieg, so muss diese mit Kork oder anderen rauen Materialien beklebt werden.

Gehen die Tiere häufiger an Land, sollte der Landteil größer sein und am besten fest eingesetzt werden. Wichtig sind dann auch die erforderlichen Versteck- und Aktivitätsräume.

Für nahezu rein aquatisch lebende Arten wie Wasserschildkröten reicht es, wenn man den Landteil aus einer größeren Plastikwanne, etwa einem Balkonblumenkasten bildet, die einfach ins Aquarium gehängt oder gestellt wird. Die Schildkröten nutzen den Landteil ohnehin nur zur Eiablage oder als Sonnenplatz.

Wasserteil

Als Einrichtung für den Wasserteil gilt dasselbe, was schon im Zusammenhang mit dem Aquarium gesagt wurde. Nur sollte der Filter, da Schildkröten und ähnliche Arten zumeist große Mengen Kot im Wasser absetzen, eine möglichst noch höhere Leistungsfähigkeit aufweisen. Zusätzlich ist es von enormem Vorteil, wenn der Wasserteil mit einem eigenen Abfluss ausgestattet ist und so leichter geleert und gereinigt werden kann.

Ein Terrarienschloss sichert von außen und von innen vor unerwünschtem Öffnen des Behälters.

Bemooste Äste halten sich gut in Feuchtterrarien.

Licht- und Wärmetechnik

Beleuchtet werden sollte der Behälter, natürlich entsprechend seiner Größe, mit mindestens zwei Strahlern möglichst vom Typ HQL oder HQI. Einer davon dient zur allgemeinen Beleuchtung, während der andere als Spotlight für einen Sonnplatz auf dem Landteil sorgt. Bei stark **wärmeabstrahlenden** Lampen ist unbedingt auf den nötigen **Abstand** zu achten, um Verbrennungen zu vermeiden.

Feuchtterrarium

Auch für diesen grundlegenden Behältertyp gilt wieder die Einteilung in geheizte und ungeheizte Varianten. **Ungeheizte** Feuchtterrarien dienen in erster Linie zur Pflege einheimischer Amphibien und weiterer Arten aus gemäßigten Klimaten. Sie können denkbar einfach eingerichtet sein: Eine **Bodenschicht** aus stets leicht feuchter Wald- oder Gartenerde, darauf eine **Laubschicht** und einige Steinplatten beziehungsweise Rindenstücke als **Versteckplätze** sowie ein **größerer Wasserteil**, eine dekorative alte Wurzel und einige einheimische Pflanzen reichen völlig aus.

Wesentlich weiterer Verbreitung erfreut sich das **beheizte** Feuchtterrarium, das in zahllosen Varianten im

Blick in ein bepflanztes Regenwald-Raumterrarium.

Einsatz ist. Es handelt sich dabei oftmals um einen **kleineren Behälter**, in dem ein Stück Regenwald nachempfunden wurde.

Die Rück- und Seitenwände können mit dünnen Korkplatten verkleidet werden. Der Aufbau des **Bodenteils** gestaltet sich schon komplizierter: wichtig ist vor allem eine gewisse **Drainageschicht**. Die gesamte Bodenfläche kann mit einer Lage Laub, einzelnen Steinplatten und Moospolstern abgedeckt werden. Die weitere Einrichtung bilden dann schöne Wurzeln und größere Kletteräste sowie eine üppige Bepflanzung.

Gut zu wissen
Da die Tiere des Feuchtterrariums eine hohe relative Luftfeuchtigkeit benötigen, sollten die Lüftungsflächen hier möglichst klein ausfallen.

Großterrarium für Regenwaldbewohner

Dieser Terrarientyp eignet sich besonders zur Pflege der großen regen- beziehungsweise feuchtwaldbewohnenden Terrarientiere, so zum Beispiel des Grünen Leguans (*Iguana iguana*), die fast alle auch gerne auf Bäume klettern oder dort leben.

Da es sich um recht stattliche Pfleglinge handelt, müssen ihre Behälter, auch in der **Höhe**, entsprechende Ausmaße aufweisen. Dazu kommt noch die dringend erforderliche **Stabilität**, nicht nur aufgrund der Terrariengröße, sondern auch wegen des Gewichts und der Kraft dieser Tiere.

Tipp

Es empfiehlt sich, solche Behälter stets mit einem festen, stabilen Rahmen aus Holz oder Metall zu versehen. In diese Konstruktion kann man dann einzelne Glasscheiben kleben. Besser wäre auch in diesem Falle jedoch ein fest gemauerter Behälter.

Rohbau eines Regenwald-Großterrariums.

Aufteilung und Einrichtung

Sehr wichtig für die artgerechte Haltung vieler Spezies ist auch ein **großer Wasserteil**. Riesenschlangen, aber auch Warane und ähnliche Arten lieben es geradezu, einen großen Teil des Tages im Wasser verborgen zuzubringen.

Je nach Größe und Gewicht – einige hundert Liter Wasser belasten nicht nur das Terrarium, sondern auch die Decken sehr – sollte der Wasserteil immer **fest auf dem Boden** installiert und mit einem **Abfluss** versehen werden, der eine leichte **Reinigung** ermöglicht.

Belüftet wird das Terrarium durch zwei in der Seite beziehungsweise im Deckel liegenden Gazeflächen.

Die Einrichtung kann denkbar einfach gehalten werden, da jede Pflanze aufgrund des enormen Körpergewichtes der Bewohnern sofort zerdrückt würde und viele Arten die Vegetation lediglich als zusätzliche Kost betrachten.

Zum Klettern, Laufen und Schlafen müssen gerade im Großterrarium zahlreiche **stabile Äste** gut gesichert angebracht werden. Der **Bodengrund** dagegen braucht nur wenige Zentimeter hoch sein; lediglich zur **Eiablage** muss für eine ausreichende **Substrathöhe** gesorgt werden.

Tipp

Wer ein derartiges Terrarium zu karg findet, kann versuchen, an für Tiere nur schwer erreichbaren Stellen einige möglichst robuste oder für die Tiere nicht sehr schmackhafte Pflanzen anzubringen.

Typisch eingerichtetes Standard-Regenwaldterrarium.

Standard-Regenwaldterrarium

Dieses Becken eignet sich vor allem zur Pflege von kleinbleibenden Amphibien-, Reptilien und Wirbellosenarten, die auf dem Boden und im niedrigen Buschwerk von Regenwälder leben, aber auch Baumkronenbewohner können hierin untergebracht werden, nur muss man dann die Proportionen des Behälters zugunsten der Höhe verändern. Wegen des geringen Eigengewichts der Pfleglinge lässt sich dieser Behältertyp sehr aufwendig bepflanzen und sogar als Schaubecken im Wohnzimmer verwenden.

Tipp

Am besten geeignet sind silikongeklebte Glasbecken, die eine kleine Lüftungsfläche unter der Frontscheibe und eine große im Deckel aufweisen, da diese Arten ebenfalls sehr empfindlich auf Staunässe oder Stickluft reagieren.

Als **Bodengrund** verwendet man eine wenige Zentimeter hohe **Sand-Torf**-Schicht, in der die Weibchen ihre Eier vergraben können.

Zahlreiche bepflanzte und unbepflanzte Kletteräste sowie einige hoch-

Einen Wasserfall muss man nicht unbedingt selbst konstruieren, denn im Handel sind fertige in verschiedenen Größen und Formen erhältlich.

kant gestellte Steinplatten oder größere Rindenstücke vervollständigen die Einrichtung. Optisch sehr schön wirkt auch ein kleiner Wasserlauf oder -fall.

Froschterrarien

Bei der Pflege der meisten Froscharten muss man bedenken, dass sich diese Tiere in aller Regel springend fortbewegen und gerade, wenn sie sich bedroht oder erschreckt fühlen, zu ungestümen und ziellosen Sätzen neigen.

Dabei ist das Sprungvermögen zahlreicher Arten ganz beachtlich.

Für Baumbewohner

Zur Pflege baumbewohnender Anuren, aber auch jener Arten, die eigentlich mehr den unteren Stammbereich und die Gestrüppzone bewohnen, eignen sich die unterschiedlichsten silikongeklebten und möglichst voluminösen Glasterrarien.

Gut zu wissen

Das besondere Kennzeichen dieser Behälter ist ihre Höhe: Sie sollte stets so strukturiert sein, dass neben der Bodenregion auch eine klar abgegrenzte höhere Ebene aus Pflanzen gebildet werden kann.

Die Größe richtet sich jeweils nach der gepflegten Art. Der Bodengrund kann denkbar einfach gestaltet werden. Eine moosbewachsene, mit etwas trockenem Laub abgedeckte Korkplatte reicht völlig aus.

Niemals darf allerdings ein **größerer Wasserteil** fehlen. Die weitere Einrichtung kann aus einer kleinen, kräftigen Wurzel oder Ähnlichem bestehen. Die **Rück- und Seitenwände** werden mit dünnen Korkplatten beklebt, um den Fröschen als zusätzliche **Kletterflächen** zu dienen.

Lebensraum Bromelie

Etwa 20 bis 50 cm über dem Boden, je nach Terrarienhöhe, pflanzt man an den Seiten und auf der Wurzel eine Gruppe kleinbleibender Bromelien, die einen eigenen Lebensraum für die Frösche bilden.

Einige kleine Farne und Rankpflanzen vervollständigen die Einrichtung. Wichtig, zumindest bei der Pflege zahlreicher Laubfroscharten, ist eine **Beregnungsanlage**, mit der man als Auslöser für das Fortpflanzungsverhalten leicht die Regenzeit imitieren kann.

Für Bodenbewohner

Für die am Boden lebenden Frösche eignen sich abermals nur silikongeklebte Glasbehälter, die eine **große Bodenfläche** aufweisen. Auch bei diesem Typ werden die Rück- und Seitenwände mit dünnem Kork verkleidet.

Lebensraum Boden

Der Aufbau des Bodenteils gestaltet sich schon komplizierter: Wichtig ist abermals ein geräumiger **Wasserteil**, dessen Boden mit Kies bedeckt wird. Ideal wäre hier ein schräg ansteigendes Ufer.

Der **Landteil** wird hier etwa aus dicken Korkplatten gebildet, die terrassenförmig nach hinten ansteigen. Darauf gibt man einige Moosplatten und eine dekorative größere Wurzel. Die gesamte Bodenfläche wird dann mit einer **hohen Laubschicht** abgedeckt, die den Fröschen zahllose Verstecke bietet.

Dicht bepflanztes Regenwaldterrarium.

Gut zu wissen
Pflegt man grabende Anuren, so muss in einer leicht kontrollierbaren Ecke eine höhere Bodenschicht eingebracht werden.

Gut zu wissen
Die Rück- und Seitenwände sollten mit einem spritzwasserfesten Material, etwa Moltofill für die Außenanwendung, dicht verkleidet werden.

Als **Bepflanzung** dienen einige größere Bromelien, die direkt in den Boden gepflanzt beziehungsweise auf der Wurzel aufgebunden werden. Zahlreiche kleinere Farne und Rankpflanzen runden auch diesmal die Einrichtung ab.

Bauchlaufterrarium

Diesen Terrarientyp kann man auch in ein Bachlaufterrarium verwandeln, wie es vor allem zur Pflege von Arten erforderlich ist, die zur Stimulation ihres **Fortpflanzungsverhaltens bewegtes Wasser** benötigen, oder die nur in der Nähe von kleinen Fließgewässern im Regenwald leben. Den eigentlichen Unterschied gegenüber dem zuvor beschriebenen Standard-Regenwaldterrarium bildet ein nachgebildeter Bachlauf, der sich in einen großen Wasserteil ergießt.

Die **Behältergröße** richtet sich nach Art und Zahl der darin gepflegten Tiere. Wichtig ist auch bei diesem Typ eine **größere Bodenfläche**.

Rohbau eines Regenwaldterrariums mit Bachlauf.

Der Landteil kann abermals aus dicken Korkplatten gebildet werden, die terrassenförmig vom Wasserteil her ansteigen. Den **Bodengrund** deckt man dann mit Moos und trockenem Laub ab. Eine dekorative Wurzel, zahlreiche Rankpflanzen und zwei bis drei größere Bromelien vervollständigen die **Einrichtung**.

Neurergus strauchii. Amphibien brauchen einen entsprechend großen Wasserteil.

Paludarium

Eine echte Besonderheit unter den Regenwaldterrarien stellt das Paludarium dar. Halb Aquarium, halb Terrarium, dient es oftmals als Prunkstück einer Terrariensammlung oder als kleiner „Urwald im Wohnzimmer". Die **Kombination** von **Tieren** und **Pflanzen** kommt hier besonders gut zur Geltung. Während sich im Wasser bunte Fische tummeln, laufen, hüpfen und kriechen auf dem Landteil und den Epiphytenästen kleine Echsen und Frösche, ja sogar Wassernattern herum.

Die Größe erlaubt mehrere Ebenen

Damit ein derartiges Terrarium optisch richtig zur Geltung kommt, muss es schon eine gewisse Größe aufweisen. Seine Mindestgröße muss etwa Länge 100 × Tiefe 60 × Höhe 120 cm betragen, wobei der **Wasserteil** etwa ein bis zwei Drittel der Grundfläche bedecken und etwa 30 cm tief sein sollte.

Die geringe Bodenfläche wird durch das enorme **Volumen** des Gesamtbehälters ausgeglichen. So kann man mit Hilfe einiger dicker, verschlungener Äste und einer üppigen Bepflanzung eine zweite oder gar dritte Ebene als Lebensraum selbst für bodenbewohnende Arten schaffen.

Eine bepflanzte Rückwand kann dem Terrarium optisch Tiefe geben und bieten den Bewohnern viel Lebensraum.

Einrichtung

Die **Rück- und Seitenwände** werden wieder mit Korkplatten und anderen Materialien verkleidet. Die Seiten sollten mit Rankpflanzen und kleinen Bromelien besetzt werden, um den Tieren als Kletterflächen zu dienen.

Auf den **Bodengrund** gibt man dicke Äste und Wurzeln, die den Fröschen ein Erklettern der höheren Regionen ermöglichen, ferner einige Pflanzen. Die freien Flächen werden mit Moos und Laub abgedeckt.

Die **Bepflanzung** kann aufgrund des geringen Gewichtes der typischen Pfleglinge auch aus empfindlichen Arten gebildet werden. Optisch am schönsten wirken dicht mit Orchideen, Tillandsien, kleinen Bromelien und ähnlichen Aufsitzerpflanzen bestückte **Epiphytenäste**.

Gut zu wissen

Bei der Auswahl der geeigneten Fischarten für den Wasserteil ist darauf zu achten, dass keine Barsche oder andere Räuber ins Becken eingesetzt werden. Auch sollte man nur sehr kleine, im Idealfall algenfressende Arten verwenden.

Trockenterrarium

Dieser Terrarientyp lässt sich nicht grundsätzlich in geheizte und ungeheizte Becken einteilen, denn die hierin gepflegten Reptilien und Wirbellose benötigen entweder eine **hohe Umgebungswärme** oder einen Strahler, unter dem sie sich auf ihre **Vorzugstemperatur** aufheizen können.

Trockenterrarium der Firma Exo Terra.

Große Wichtigkeit hat eine **ausreichende Belüftung**, da die Tiere eine hohe relative Luftfeuchtigkeit, Staunässe und Stickluft zumeist nicht lange vertragen.

Die am besten geeignete Bauweise ist auch diesmal das silikongeklebte Glasterrarium. Als **Bodengrund** verwendet man Lehm, Sand oder eine Mischung aus beidem, denn nur so erhält man eine feste Substratschicht, die das Anlegen von **Gängen** begünstigt. Da viele Arten selbst keine Höhlen graben, sondern verlassene Nagerbauten bewohnen, muss man solche Möglichkeiten gegebenenfalls anlegen. Es sollten aber auch einige, nur mit Sand bedeckte Stellen vorhanden sein, an denen sich die Tiere leicht einwühlen können.

Auf den Boden legt man Steinplatten oder versteinerte Wurzelstücke. Die **Bepflanzung** hat nur **dekorativen** Charakter und kann daher nach rein ästhetischen Gesichtspunkten erfolgen. In Frage kommen hier verschiedene Sorten von Ziergräsern und besonders die teils überaus sehr dekorativen Sukkulenten.

Raumterrarium, im Bau, mit Bambuswand und Bodenabfluss.

Großterrarium für bodenbewohnende Großechsen und -schlangen

Dies ist häufig ein nur schwer zu realisierender Terrariumstyp, da wegen der Größe der Tiere und der benötigten Einrichtung sehr oft eigentlich nur gemauerte Becken in Frage kommen. Lediglich für mittelgroße Arten reichen auch Großterrarien mit festen Rahmen aus. Zur Belüftung sollte dann möglichst der ganze Deckel aus fester und stabiler Metallgaze bestehen.

Weil es sich bei den Pfleglingen fast ausschließlich um Bodenbewohner handelt, muss ihr Terrarium immer eine entsprechende **Grundfläche** aufweisen, was bei den beliebten Waranen oder einigen Großleguanen gewaltige Ausmaße erfordern kann. Große Zimmerterrarien werden mit Hilfe von Ventilatoren be- beziehungsweise entlüftet.

Viele Arten graben sich echte Wohnhöhlen, sodass für sie eine wenigstens 40–100 cm **hohe Bodenschicht** vorhanden sein muss. Im unteren Bereich sollte diese leicht feucht sein, da sich auch in der Wüste schon relativ dicht unter der trockenen Oberfläche oft feuchtere Schichten befinden. Welches Gewicht solch ein Behältertyp dann erreichen kann, lässt sich leicht ausrechnen.

Die **Einrichtung** besteht aus einigen **unverrückbar** eingebauten Steinen oder Kunstfelsen sowie zahlreichen dicken, sicher verankerten Kletterästen. Ein kleiner, leicht zu reinigender Wasserteil sollte möglichst immer vorhanden sein. Außerdem kann auf eine Bepflanzung verzichtet werden, da viele Tierarten die Vegetation nur als Nahrung betrachten.

Felsterrarium

Bei diesem Terrarientyp sollten die Seitenwände mit dünnen **Steinplatten** verkleidet sein. Ebenfalls hervorragend geeignet ist ein Verputz aus eingefärbter und sorgfältig modellierter Dichtungsschlämme auf Zementbasis.

Der **Bodengrund** kann aus den unterschiedlichsten Substraten bestehen.

Aufwendig gestaltetes Felsterrarium.

Für die meisten Arten eignen sich Lehm, Schlämmsand und Ähnliches. Die weitere **Einrichtung** setzt sich aus einigen Felsaufbauten zusammen, die je nach Größe und Gewicht direkt auf der Terrarienbodenplatte gründen müssen, damit sie nicht unterwühlt werden können.

Optisch nicht sehr schön, aber von den Tieren gerne akzeptiert sind umgestülpte Tonschalen, also flache, unglasierte Pflanzgefäße, in deren Wandung man als Schlupfloch eine kleine Ausbuchtung bricht. Ansonsten können auch hier größere Steinplatten gegen die Seitenwände gelehnt und einige Korkröhren zum Klettern und als **Versteckplätze** ins Terrarium eingebracht werden. Die **Bepflanzung** sollte man nach den Ansprüchen der jeweiligen Art auswählen. In der Regel spielt ihre Zusammensetzung jedoch keine Rolle. Zu empfehlen sind beispielsweise Rankpflanzen oder Sukkulenten.

Das hohle Felsenmodul (Firma Exo Terra) kann von den Tieren zum Klettern und als Versteck genutzt werden.

Gut zu wissen
Dieser Terrarientyp eignet sich für zahlreiche felsbewohnende Echsen wie beispielsweise zahlreiche Geckos und Eidechsen aus den Trockengebieten unserer Erde.

Wüstenterrarium

Dieser Behälter dient zur Haltung der zahlreichen Wüstenformen unter den kleinbleibenden bis mittelgroßen Echsen und Schlangen, insbesondere für die reinen **Sandwüstenbewohner**.

Der **Bodengrund** sollte daher aus Sand mit eingestreuten Steinen bestehen. Auf die Oberfläche gibt man als **Versteckplätze** einige gut gegen Einsturz gesicherte Steinplatten. Vervollständigt wird das Inventar etwa durch eine Wurzel und eine eingetopfte Sukkulente.

Info
Für nicht kletternde Arten eignen sich auch oben offene Glasbecken.

Bei einem geschlossenen Behälter muss stets für ausreichend große **Lüftungsflächen** im Deckel und in einer Seite gesorgt sein.

Wichtig

Die relative Luftfeuchtigkeit im Wüstenterrarium darf niemals über einen längeren Zeitraum sehr stark ansteigen, und sie sollte im Tagesverlauf stets deutlich zurückgehen.

Raumterrarium Wüste mit künstlicher Rückwand und eingebauten Strahlern.

Landschildkrötenterrarium

Nur die wenigsten Landschildkrötenarten lassen sich permanent in einer Freilandanlage pflegen. Alle anderen müssen zumindest für den größten Teil des Jahres in **Zimmerterrarien** untergebracht werden.

Aufgrund der beträchtlichen Grundfläche, die in solchen Fällen benötigt wird, lassen sich nur kleinere Arten in silikongeklebte Glas- und stabilere Rahmenterrarien unterbringen; für viele andere – beispielsweise *Geochelone pardalis, G. denticulata, G. sulcata* – kommen eigentlich nur **fest gemauerte Behälter** oder speziell für diesen Zweck umgebaute **Zimmer**, geheizte **Gewächshäuser** und **Wintergärten** in Frage.

Grundsätzlich sollten derartige Behälter stets eine **längliche Form** erhalten, damit den Tieren eine möglichst große **Lauffläche** zur Verfügung steht; die Höhe spielt demgegenüber nur eine untergeordnete Rolle, doch sollten die Seitenwände oder Umfriedungen mindestens so hoch ausfallen, dass sie von den Tieren **nicht** mehr zu **überklettern** sind.

Bestens bewährt hat sich dabei die rundum geschlossene, also nur oben

Gut zu wissen

Die beschriebenen Behältertypen eignen sich nicht für solche Arten, die ein ganz bestimmtes, vor allem feuchtwarmes Klima benötigen. Entsprechende klimatische Bedingungen lassen sich nur in Räume mit hoher relativer Luftfeuchtigkeit gestalten.

Beispiel einer großen Freilandanlage für Landschildkröten.

offene Bauweise, da diese eine ausreichende **Frischluftzufuhr** gewährleistet, weder Stickluft oder Staunässe entstehen lässt zulässt und überdies jeden Temperaturstau verhindert. Es ist allerdings darauf zu achten, dass keine **kalte Zugluft** ins Terrarium strömen kann.

Heizung und Strahler

Die Terrarien werden am günstigsten von unten beheizt. Dafür wird unter einem Teil des Bodens eine Heizplatte oder -matte montiert, die für nicht zu hohe Oberflächentemperaturen sorgt. Über diesen Teil werden größere Wärmestrahler montiert, die die Schildkröten zum Aufwärmen aufsuchen. Da nur ein Abschnitt der Fläche erwärmt wird, entsteht so auch das gewünschte **Temperaturgefälle**; die Landschildkröten können sich daher selbstständig den ihnen zusagenden Wärmebereich aussuchen.

Größere Probleme bereitet demgegenüber die Umgestaltung von Zimmerteilen oder ganzen Räumen zu Terrarien. Die Wärmeregulation sollte in diesen Fällen über eine fachmännisch installierte **Fußbodenheizung** erfolgen, die allerdings auch hier nicht den ganzen Boden gleichmäßig erwärmen darf. Eine wichtig Rolle spielt dabei die gute Isolierung vor allem der unbeheizten Teile, denn Landschildkröten können sich auf kühlen Steinböden nur allzu schnell erkälten.

Wichtig

Vor dem endgültigen Besatz mit Tieren sollten die Temperaturen und andere Klimafaktoren sorgfältigst überprüft und optimiert werden.

Für die Frischluft oben offenes Wüstenterrarium, in dem Schildkröten aus trockenen Lebensräumen gepflegt werden können.

Beleuchtung

Bei solchen offenen Terrarien hängt man darüber Spezialstrahler auf, wie sie auch in der Aquaristik Verwendung finden. Diese Aggregate sind zwar nicht unbedingt billig, zeichnen sich aber durch eine **ästhetisch** ansprechende Gestaltung aus, sodass man sie unschwer in Wohnzimmer integrieren kann.

Einrichtung

Sie beginnt üblicherweise mit den Felsaufbauten oder dem Einbringen von Steinplatten. Diese müssen stets direkt auf dem Terrarienboden ansetzen und so **fest verankert** oder konstruiert sein, sodass sie weder einstürzen noch untergraben werden können.

Besondere Schwierigkeiten birgt dabei der Bau einer **Spalten- oder Kletterlandschaft**, wie sie etwa die Spaltenschildkröte (*Malacochersus tornieri*) und die südafrikanischen Vertreter der Schildkrötengattung *Homopus* benötigen. Für diese Spezies muss man an den Rück- und Seitenwänden **Steinplatten** in unterschiedlichen Abständen derart fest vermauern, dass sie den Tieren hinreichende Unterschlupf- und Klettergelegenheiten bieten. Auch hier bleibt der größte Teil des Bodens als Lauffläche erhalten.

Für viele Landschildkröten wird man als optimalen Bodengrund einen Schlämmsand oder andere stark lehmhaltige Substrate wählen. Weiterhin bringt man einige Versteck- und **Unterschlupfplätze** im Terrarium unter.

Hält man mehrere Landschildkröten im gleichen Behälter, sollten stets auch mehrere **Sonnplätze** vorhanden sein.

Gut zu wissen

Für Schildkröten gilt es bei der Einrichtung einen sogenannten „Laufparcours“ zu gestalten. Hierfür stampft man den Bodengrund streckenweise sehr fest, an anderen Stellen füllt man ihn so locker ein, dass sich die Tiere gut darin vergraben können. Für Arten aus Wald- und Feuchtgebieten verwendet man eine höhere Humusschicht, etwa aus Blumenerde, und deckt sie abschließend mit einer dicken Lage Laub- oder Rindenmulch zu.

Außerdem darf nie ein fester **Futterplatz** fehlen, an dem die Tiere ihre Nahrung erhalten; das Gleiche gilt für die **Trinkschale**. Der Wasserteil darf nicht zu tief ausfallen und muss über sanft geneigte Uferzonen zugänglich sein.

Die Pflanzen dienen aus Sicht der Pfleglinge ausschließlich als Futter; daher lässt sich eine dekorative **Bepflanzung** nur unter Schwierigkeiten verwirklichen. Für Trockenterrarien eignen sich hierzu verschiedene Sukkulenten. Dabei sollte man jedoch auf kostbare und giftige Arten unbedingt verzichten, da sie unweigerlich früher oder später von den Tieren angefressen werden.

Gazebehälter eignen sich für die Haltung von Insekten.

Gazebehälter

Ihren Namen verdanken diese Terrarien der Eigenschaft, dass sie – abgesehen von der Öffnungstür, dem Boden und der Rahmenkonstruktion – vollständig aus Metall- oder Kunststoffgaze bestehen. Da die übrigen Seitenflächen und die Decke hier als zusätzliche Lüftungsöffnungen dienen, kann sich im Inneren solcher Becken **nie Stickluft** bilden.

Gut zu wissen
Dieser Behältertyp eignet sich für zahlreiche Gespenst- und Stabschrecken (Phasmiden), aber auch für Chamäleons und Schmetterlinge, um nur die wichtigsten Pfleglinge zu nennen.

Die **Bauweise** gestaltet sich denkbar einfach: ein Rahmen aus Holz, Aluprofilen oder Ahnlichem wird mit Gaze bespannt. Der **Boden** sollte hingegen aus einer festen Platte bestehen, die man möglichst leicht reinigen kann.

Als Frontseite kommt – schon wegen der optimalen Einsicht – eigentlich nur eine Glasscheibe infrage.

Standard-Insektarium

Zur Pflege von Wirbellosen eignet sich neben dem reinen Gazebehälter das Vollglas- oder Plastikaquarium.

Wichtig ist auch hier eine artabhängig ausreichende Belüftung. Daher sollte man den Deckel und eine ganze Seitenwand ebenfalls möglichst großflächig mit Plastikgaze bespannen.

Insektarium für Stabschrecken aus Glas mit Lüftungsöffnungen oben und vorn.

Käferterrarium bestehend aus einer Kunststoffwanne mit einem passend konstruierten Klappdeckel aus Glas.

Für viele Arten kann auch die **Einrichtung** denkbar einfach gehalten werden; unerlässlich sind nur eine auf die jeweilige Spezies zugeschnittene **Substratschicht**, einige Verstecke und – abhängig von der Art – eine flache **Wasserschale**.

Rosenkäferterrarium

Die Käfer zeichnen sich durch einen **Lebenszyklus** mit zwei völlig unterschiedlichen Phasen aus. Die **unterirdisch** lebenden Larven (Engerlinge) ernähren sich je nach Art von Wurzeln, verrottenden Pflanzenteilen, Obst und/oder mürbem Totholz, während die adulten Käfer (Imagines, Vollkerfe) überwiegend **überirdisch** leben und Pflanzenkost wie austretendes Baumharz, Blütennektar und Obst fressen.

Die Unterbringung der Vollkerfe erfolgt in möglichst großen **Standardterrarien**, die mit einem **Klappdeckel** und einer ausreichenden **Belüftungsfläche** ausgestattet sein sollten.

Die meisten Arten benötigen dazu nach Möglichkeit entweder **natürliches Licht** oder eine hochwertige künstliche Beleuchtung, zum Beispiel durch T5-Leuchtstofflampen.

Der **Bodengrund** besteht zunächst aus einer mindestens 10–15 cm hohen

Gut zu wissen

Wer ein möglichst naturnahes Käferleben beobachten möchte, muss riesige Behälter wählen, in denen die Tiere ausreichend Gelegenheit haben, blühende Pflanzen im Flug zu umschwärmen.

Bodenschicht. Die man stets aus einer Mischung mäßig feuchtem Humus mit sich zersetzenden Blättern und möglichst im Stadium der Weißfäule befindlichem Laubholz (von der Tierart abhängig) mischt. Ideal sind auch Plastikwannen, gefüllt mit dem Bodengrund und aufgesetzten Terrarien.

Einfaches Insekten- oder Aufzucht- oder Behelfsterrarium

Neben den bereits vorgestellten Beckentypen gibt es noch viele andere, die sich hervorragend zur Aufzucht oder kurzfristigen Unterbringung von Amphibien, Reptilien und Wirbellosen eignen.

Kunststoffdosen

Besondere Erwähnung verdienen dabei jene durchsichtigen **Haushaltsplastikdosen**, die man in den unterschiedlichsten Größen erhält.

Selbst kleinere, flache Formate wie die handelsüblichen **Grillenschachteln** (Länge 10 × Tiefe 10 × Höhe 5 cm) kommen für die Aufzucht von potenziell kannibalischen und daher nur einzeln zu haltenden bodenbewohnenden Insekten, Spinnen oder Hundertfüßer in Frage. Größere Behälter können auch als Aufzucht- oder Quarantänequartiere für **Schlangen** dienen.

Kleinstterrarien

Besonders erwähnt seien hier die Rackterrarien. In solchen Kleinstterrarien kann man die Jungtiere viel **leichter kontrollieren** und bemerkt so

Aufzucht- oder Behelfsterrarien auf der Basis von Kunststoffdosen mit verschieden großen Lüftungsflächen und Korkseitenwänden.

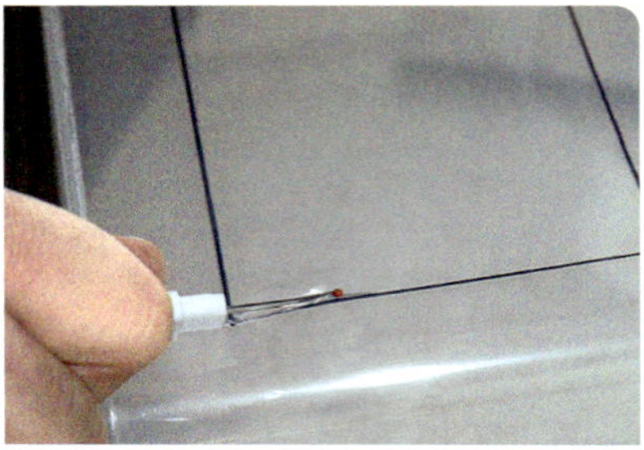

Man schneidet mit einem scharfen Werkzeug ein größeres Loch in den Deckel.

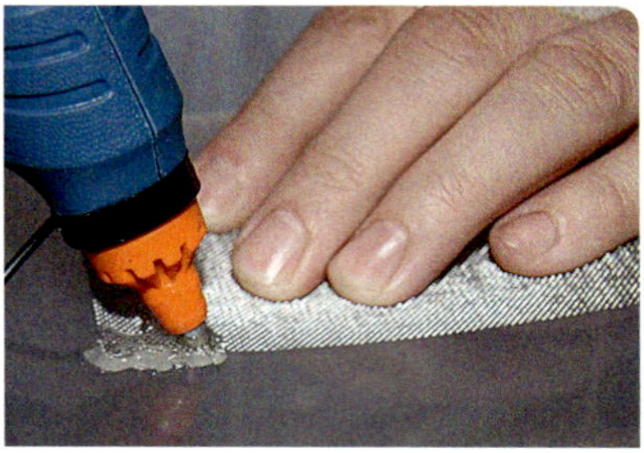

Mit Hilfe eines Lötkolbens schweißt man dort feines Gazegewebe ein oder klebt es auf.

Rackterrarien in Form von Kunststoffwannen, hier für Schlangen.

Hier dient die Plastikdose als Aufzuchtterrarium für ein Jungtier.

rechtzeitig, wenn Störungen wie Häutungsschwierigkeiten, Nahrungsverweigerung und Ähnliches auftreten.

Überdies lässt sich in ihnen auch das **Mikroklima** leichter modifizieren: So wird auch mit verhältnismäßig großen Belüftungsflächen eine niedrigere relative Luftfeuchtigkeit erzielt, durch Einlegen eines wassergetränkten Wattebausches (bei Wirbellosen) hingegen eine entsprechend höhere. Feuchtigkeitsliebende Amphibien und Reptilien versorgt man durch häufigeres Überbrausen mit dem lebensnotwendigen Nass.

Die **Innentemperatur** steuert man nach Möglichkeit über die Umgebungswärme, da sich derart kleine Behälter bei direkter Beheizung von unten per Heizmatte oder oben mittels Strahler allzu schnell überhitzen könnten. So ist durch bloße Standortänderung der **Temperaturbereich** leicht und problemlos zu **steuern**.

Zur Verbesserung des Klimas können gegebenenfalls auch eine oder mehrere Seitenwände mit derartigen Lüftungsöffnungen versehen werden.

Gut zu wissen

Größere Haushaltsplastikdosen aus stabilem Plexiglas oder vergleichbarem Material lassen sich mit einigen einfachen Handgriffen problemlos in Kleinstterrarien umwandeln. Der Vorteil dabei ist, dass die Lüftungsflächen – bei Plexiglas im Kunststoffdeckel, bei Haushaltsdosen auch in den Seiten – von der Größe her genau an die Bedürfnisse der Tiere angepasst werden können.

Freilandterrarium

Erwähnung verdient schließlich die Möglichkeit, bestimmte Terrarientiere wenigstens den Sommer über im Garten oder auf dem Balkon zu pflegen, denn jeder Freiluftaufenthalt stellt eine willkommene Abwechslung gegenüber dem normalen „Terrarienalltag" dar. Häufig zeigen die Tiere erst unter diesen Bedingungen ihre volle **Farbenpracht**, und hin und wieder lässt sich eine deutliche **Aktivitätssteigerung** verzeichnen. Grundsätzlich muss man zwei Arten der Unterbringung unterscheiden.

Gehege für Arten, die nur an den heißesten Tagen im Garten gepflegt werden können

Für diese Gruppe wird die Anlage wie ein Normalterrarium gestaltet. Da sich die betreffenden „Urlaubs- oder Balkonbehälter" aber nur zur vorübergehenden – bisweilen nur Stunden währenden – Unterbringung eignen, muss man bestimmte bauliche Besonderheiten beachten:

- absolute Ausbruchsicherheit – was unter anderem eine feste Bodenplatte erfordert, damit sich die Tiere nicht vergraben oder ins Freie wühlen können.
- sollten Deckel und Seitenwände aus Gaze bestehen, damit keine Gefahr eines Hitzestaus besteht.

Die **Einrichtung** wird im Übrigen möglichst einfach gestaltet, um die häufige Entnahme der Tiere zu erleichtern. Vor allem für große Arten sind **stabile Volieren** hervorragend geeignet. Bei der Aufstellung derartiger Freilandterrarien sollte stets ein teilweise **beschatteter Standort** gewählt werden, der es den Tieren ermöglicht, sich notfalls aus der Sonne zu entfernen.

Gehege für Arten, die den ganzen Sommer hindurch in Freilandterrarien leben können

Für solche Arten empfiehlt sich hingegen der **Bau** einer wirklich stabilen **Anlage**, wo die Tiere die gesamten Sommermonate verbringen können. Um ihr Entweichen zu vereiteln, sollte die **Begrenzung** aus festem Mauerwerk oder Plastikwellwänden bestehen. Beide müssen etwa 40 cm tief in den Boden hinabreichen, damit sie weder von den Bewohnern noch von kleinen Nager unterwühlt werden können.

Gut zu wissen

Gemauerte Umfriedungen müssen zusätzlich gegen Ausbruchsversuche aller Art gesichert werden, da einige Echsen- oder Schlangenarten sogar mit Ölfarbe gestrichene Wände erklimmen können. Sinnvoll ist ein schräg nach innen geneigter Glasstreifen an der Innenseite des Begrenzung, der sich auch nicht mehr überspringen lässt. Außerdem muss man darauf achten, dass auch die Pflanzen keinen Ausbruch ermöglichen.

Da die Sonneneinstrahlung in den Heimatländern unserer Tiere häufig wesentlich länger und intensiver ist, sollte das Freilandterrarium tagsüber zusätzlich **lokal** mit einer Gartenleuchte erhellt und **punktuell erwärmt** werden, damit die Tiere wenigstens an einer Stelle stets ihre Vorzugstemperatur erreichen können.

Überdies fallen die Sommer in den betreffenden Heimatgebieten wesentlich trockener aus, sodass man die Tiere durch ein mindestens die halbe Anlage abdeckendes **Dach** gegen starke Niederschläge schützen sollte.

Natürlich sind die Gehege auch ausreichend gegen **Fressfeinde** wie Katzen und Vögel, etwa Krähen oder Elstern, zu sichern.

Infrage für die Pflege in Außenanlagen kommen vornehmlich solche Tiere, deren **heimatliche Klimaverhältnisse** in etwa dem **mitteleuropäischen Sommer** entsprechen, also Reptilien aus Nordamerika und Mittelasien.

Ungefähr ab September sollten unsere Pfleglinge dann wieder in ihre **„Winterterrarien"** umziehen. Dabei darf man mit dem Herausfangen allerdings nicht zu lange warten, da sich viele Arten bei kühler Witterung unter Umständen sehr tief eingraben.

Gut zu wissen

Da es sich bei den für die Freilandhaltung geeigneten Tierarten fast durchweg um solche aus trockenen (ariden) Regionen handelt, die in der Regel auch Bodenbewohner sind, sollte ihr Gehege einem Steingarten mit spärlicher Vegetation ähneln. Ein dichter, schattenspendender Busch muss allerdings stets vorhanden sein. Zudem bildet ein Steingarten meinst einen attraktiven Punkt im Garten, trägt also eventuell in Kombination mit einem Sitzplatz zur Verschönerung bei.

Freilandterrarien zur Pflege der europäischen Landschildkröten

Diese Spielart des Freilandterrariums wollen wir nur kurz erwähnen, da sie wohl die am weitesten verbreitete ist. Ideale Heimstatt für europäische Landschildkröten, soweit diese aus gemäßigten Klimaten stammen, wäre ein großes Gehege im Garten, das die Tiere gewöhnlich vom Frühjahr bis zum Herbst beziehen können. Nur während ausgedehnter **Schlechtwetterperioden** müssen sie vorübergehend im Zimmerterrarium untergebracht werden, bis sich das Wetter wieder gebessert hat.

Standort, Größe, Bauart

Der Platz einer Schildkrötenfreilandanlage muss sorgfältig ausgewählt werden. Er sollte möglichst der wärmste im Garten sein, nicht zu windig, aber mit möglichst langer **Sonneneinstrahlung**.

Was seine Dimensionen betrifft, kann er eigentlich gar nicht groß genug ausfallen. Zur **Einfriedung** des Geheges eignen sich unterschiedlichste Materialien: gegossene Betonwände, festes Mauerwerk, das an den Innenseiten unbedingt möglichst glatt verputzt werden muss, Plastikwellzäune, Holzpalisaden und Ähnliches. Damit sollen Ausbrüche der Pfleglinge, aber auch das Eindringen von Ratten und anderen Räubern verhindert werden.

Wichtig

Einfriedungen müssen mindestens 40 Zentimeter tief in den Boden reichen, um aus- und einbruchssicher zu sein.

Freilandanlage für Landschildkröten.

Artgerechte Umgebung

Mit Hilfe einiger gestalterischer Maßnahmen lässt sich das Freilandterrarium nun zu einem artgerechten Lebensraum umbilden. Als erstes sollte man – sofern es sich beim Untergrund um sehr schwere Böden handelt – für eine ausreichende **Drainage** sorgen, damit das Gehege nicht schon nach dem ersten heftigen Regenfall unter Wasser steht.

Das Landschaftsbild wird durch die Aufschüttung eines **Hügels** bereichert, der aus lockerem Sand bestehen sollte, weil ein solcher, da er in seiner Konsistenz deutlich vom übrigen Bodengrund abweicht, von den Weibchen gerne als **Eiablageplatz** gewählt wird. Sehr wichtig sind auch **Schattenplätze** unter dichten Büschen, an denen die Schildkröten der Mittagshitze entgehen können. Die ideale **Bepflanzung** besteht aus harten, krautigen Bodendeckern und halbhohem Buschwerk.

Gut zu wissen

Entlang der Umfriedungsränder wird man auf Bepflanzung verzichten, da unsere Pfleglinge diese Zone gerne als Laufweg nutzen und man ihnen diese Möglichkeit auch geben sollte.

Freilandanlage für europäische Tiere.

Die übrige **Vegetation** im Gehege sollte der eines Trockenrasens mit möglichst abwechslungsreichen **Futterpflanzen** entsprechen.
In Frage kommen neben verschiedenen Gräsern und Kräutern vor allem Pflanzen wie etwa:
- Klee,
- Löwenzahn,
- Kleines Habichtskraut,
- Spitzwegerich,
- Mehlige Königskerze,
- Kleiner Sauerampfer,
- Vogelmiere.

Gut zu wissen
Die Schildkröten sollten stets am gleichen Platz gefüttert werden, damit man sie ausreichend mit Vitaminen und Mineralstoffen versorgen kann.

Badebecken und Unterschlupfe

Ein Badebecken darf niemals fehlen. Seine Ränder müssen von allen Seiten gleichmäßig abfallen, wobei die „Rampen“ weder zu glatt noch zu steil geraten dürfen.

Gut zu wissen
Da die Schildkröten beim Baden gerne ausgiebig trinken und ihr Geschäft verrichten, muss sich das Wasserbecken auch leicht reinigen lassen.

Als letzter Bestandteil jeden Freilandterrariums muss das auf drei Seiten geschlossene **Schlupfhäuschen** erwähnt werden. Seine Grundfläche sollte etwa 60 × 60 cm betragen. Dient es ausschließlich als Nachtquartier, so braucht man den Bodengrund nur etwa 30 cm tief auszuheben, damit sich die Schildkröten während längerer Schlechtwetterperioden notfalls eingraben können.

Wichtig
Der Ausgang des Schlupfhäuschens sollte immer nach Südosten weisen, damit die Morgensonne die Landschildkröten weckt und aus der Hütte lockt.

Die freie Haltung im Zimmer

Als letztes wollen wir in aller Kürze die freie Haltung kleiner und großer Reptilienarten im Zimmer erörtern. Häufig haben Terrarianer nicht die Möglichkeit, ein wirkliches Großterrarium aufzustellen, wie es zur artgerechten Pflege großer Echsen erforderlich wäre. Trotzdem wollen sie nicht auf die Pflege eines Grünen Leguans oder vergleichbarer Arten verzichten oder auf kleinere Spezies ausweichen. Deshalb halten sie diese Tiere frei im Zimmer, auf der Fensterbank, im Wintergarten, im Gewächshaus oder in der ganzen Wohnung.

Gut zu wissen
Die vollständig freie Art der Haltung in der Wohnung ist nur bei sehr wenigen, relativ standorttreuen Arten möglich.

Zu nennen wären hier etwa die langsamen **Leguanarten** der Gattung *Chamaeleolis* und einige große **Chamäleons** wie Parsons Chamäleon (*Calumma parsonii*), da sich diese Tiere auf ihre Tarnung verlassen und so den ganzen Tag als Lauerjäger im Geäst zubringen. Ihre Pflege auf einer großen, **üppig bepflanzten Fensterbank** stellt von daher durchaus eine Alternative zur Terrarienhaltung dar. Natürlich müssen auch hier Futterplätze, kühle und feuchte **Verstecke**, erhöht angebrachte **Wasserschalen** und gleichwertige **Sonnplätze** in ausreichendem Maße vorhanden sein.

Wichtig
Wie bei jeder freien Haltung müssen die Fenster durch Fliegendraht gegen den Ausbruch der Tiere gesichert sind.

Außerdem sollte man die Fensterbank mit einem **hohen Glasstreifen**, den die Tiere auch mit Hilfe von Pflanzen nicht überwinden können, gegen ihr Entweichen ins Zimmer absichern. Die oben erwähnten Gattungen besitzen keine Haftlamellen.

Gut zu wissen
Insgesamt spielt die freie Haltung nur eine untergeordnete Rolle und stellt auch keine echte Alternative zur artgerechten Pflege im Terrarium dar, denn die spezifischen Ansprüche der meisten Arten sind in normalen Zimmern nur recht schwer zu verwirklichen. Man sollte sich gründlich vorher überlegen, ob man in der Lage ist, seine Tiere artgerecht unterzubringen, bevor man auf derartige Notlösungen ausweicht.

Besser wäre es jedoch, die Fensterbank gleich mit Hilfe einer Glas- oder Drahtkonstruktion zum **„Einbauterrarium"** umzugestalten. Man kann dann zwar eigentlich nicht mehr von freier Haltung sprechen, doch bleibt so der größte Vorteil dieser Pflegeform erhalten: Die Tiere sind nämlich **nahezu natürlichen Temperaturschwankungen** ausgesetzt, dem Tag-Nacht-, aber auch dem **Jahreszeitenrhythmus**.

Insektenvertilger

Manche Terrarianer halten einen oder mehrere **Geckos** frei im Zimmer, damit diese entwichene Futtertiere und lästige Spinnen vertilgen. Dank ihrer große Anpassungsfähigkeit sind vor allem echte **Kulturfolger** wie *Hemidactylus mabouia*, *Gehyra variegata*, der Tokeh *Gekko gecko* und andere für diese Art der Haltung hervorragend geeignet. Die künstlichen Bedingungen ähneln oftmals denen, die in ihren Heimatländern vorherrschen.

Linke Seite: Freilebender Gecko im Terrarienzimmer.

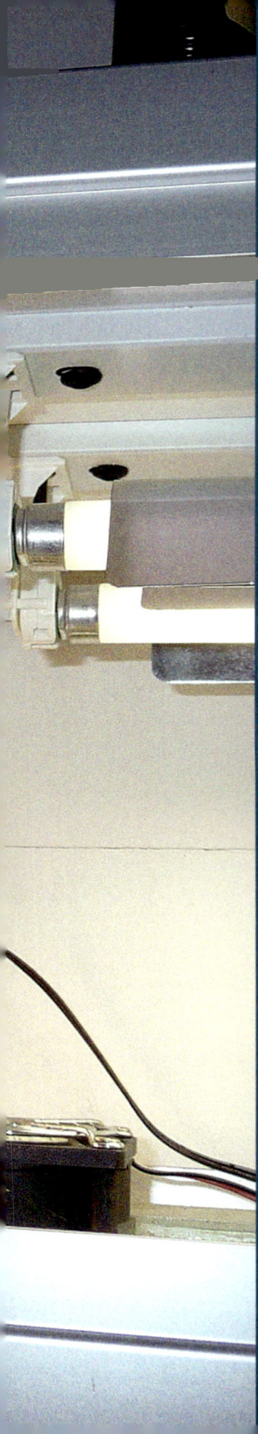

Terrarientechnik und Einrichtung

Terrarientechnik und Einrichtung

Kein Terrarium kommt ohne den Einsatz technischer Hilfsmittel aus. Das beginnt mit dem täglichen Ein- und Ausschalten der Beleuchtung, um mit der durch Feuchtigkeitsfühler ausgelösten Beregnung der Behälter zu enden.

Unser wichtigstes technisches Hilfsmittel ist dabei die **Zeitschaltuhr**, mit der nahezu alle sich täglich wiederholenden **Arbeiten automatisiert** werden können. So lassen sich Beleuchtungskörper, Strahler, Ventilator sowie die Heizung problemlos ein- und ausschalten. Sogar die mitunter nur einige Sekunden sprühende Beregnungsanlage ist so leicht zu steuern. Im Folgenden werden die elementar benötigten technischen Geräte kurz vorgestellt.

Steuerungsgeräte

Ohne Regler wie die Zeitschaltuhr wäre schon die Steuerung eines einzelnen Terrariums eine tagesfüllende Aufgabe, und die einer größeren Anlage ließe sich kaum noch bewältigen. Man sollte auch stets bedenken, dass man so getrost mehrere Tage in Urlaub fahren kann, ohne dass täglich jemand die Geräte ein- und ausschalten muss.

Ferner führt die so **geregelte Gleichmäßigkeit** zu einer dem Wohlergehen unserer Pfleglinge sehr förderliche **Gewöhnung**. So wissen etwa die meisten Echsen schon bald genau, wann die Beregnungsanlage frühmorgens zu sprühen beginnt. Während dieser kurzen Zeitspanne verbergen sie sich in ihren Verstecken, die sie anschließend sofort verlassen, um einige Wassertropfen aufzunehmen. Und der Terrarianer erhält genügend Zeit zum Beobachten seiner Pfleglinge, da als einzig täglich anfallende „Handarbeit" nunmehr die Fütterung bleibt.

Zeitschaltuhren

Diese bietet der Fachhandel in den unterschiedlichsten Qualitäten an: Das Spektrum beginnt mit der **mechanischen** Variante, deren geringste Schaltzeit eine Viertelstunde beträgt, und es endet mit dem **digitalen** Modell, das als geringste Einstellungszeit eine Minute aufweist und häufig noch verschiedene Wochenprogramme zu steuern vermag.

Dass die Beleuchtung unter Umständen einmal nachts anspringt, wäre sicher noch das kleinere Übel beim

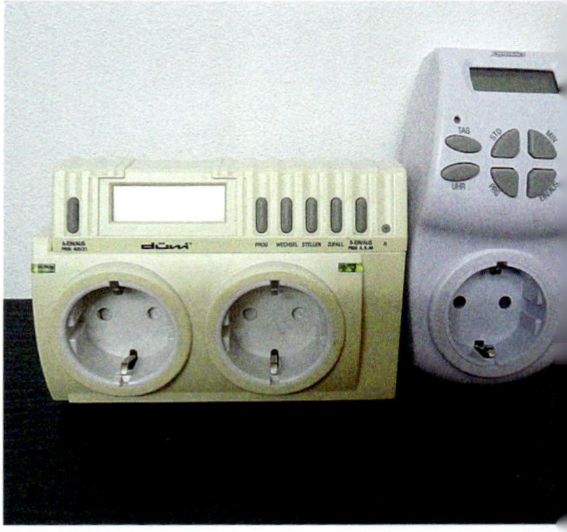

Zeitschaltuhren sind für die Einhaltung der Bedingungen im Terrarium praktisch unerlässlich.

Ausfall der Steuerung. Schlimmer ist es da schon, wenn die Sprühanlage statt der üblichen einen Minute plötzlich mehrere Stunden lang sprüht und dabei nicht nur das Terrarium unter Wasser setzt.

Gut zu wissen

Beim Kauf von Zeitschaltuhren sollte man unbedingt darauf achten, dass die Geräte ein Nachlaufwerk von mindestens einigen Stunden haben, damit sie sich nicht bei jedem Stromausfall verstellen und der gesamte Steuerungsprozess aus dem Ruder läuft.

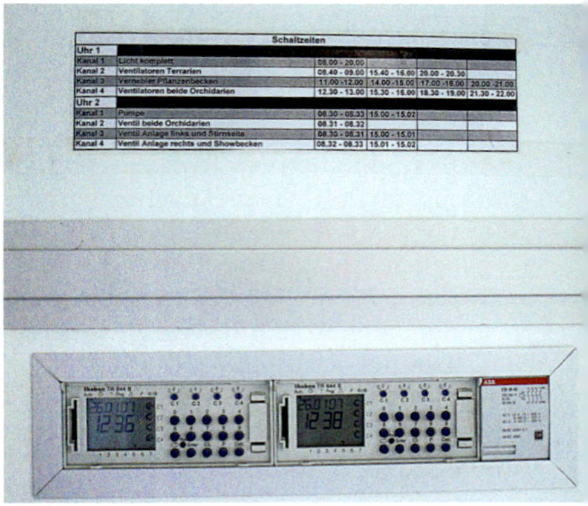

Schaltcomputer bei der Firma E.N.T. Terrarientechnik.

Computer

Speziell konzipierte Schaltcomputer, aber auch PCs lassen sich hervorragend zum Betreiben einzelner Terrarien oder ganzer Anlagen einsetzen, weil man mit ihrer Hilfe nicht nur die alltäglichen Funktionen steuern kann. Es lassen sich auch Jahresabläufe, etwa die Dauer der **Photoperiode**, die saisonal variierenden **Temperaturen** sowie **Regen- und Trockenperioden** einspeichern und ohne ständiges Ändern der Werte imitieren.

Terrarianern ohne solche Möglichkeiten und Kenntnisse bleibt allerdings nur der herkömmliche Weg, die Schaltzeiten nach einem vorher festgelegten Kalender entsprechend manuell zu ändern.

Thermostate

Als weitere technische Hilfsmittel dienen elektronische Thermostate, welche beispielsweise die Heizung steuern, aber auch, etwa bei zu hohen Temperaturen, die gesamte Beleuchtung ausschalten, um eine Überhitzung des Terrariums zu vermeiden. Im Folgenden wollen wir die elementar benötigten technischen Geräte kurz vorstellen.

Heizung

Da es sich bei allen Terrarientieren um wechselwarme Lebewesen handelt, die von ihrer Umgebungstemperatur und/oder der Strahlungswärme abhängig sind, kommt der Beheizung des Behälters entscheidende Bedeutung zu.

So benötigen unsere Pfleglinge jeweils einen spezifischen Temperaturbereich, in dem ihre wichtigsten Körperfunktionen erst ablaufen und bei dem sie ihr sehr abwechslungsreiches Verhalten zeigen. Dieser kann von Art zu Art naturgemäß sehr unterschiedlich ausfallen.

Externe Substraterwärmung

Die natürlichste Methode, ein Terrarium zu beheizen, bestünde darin, mittels Strahlungsenergie für die nötige **Luft- und Substratwärme** zu sorgen; das ist für zahlreiche Sonnenanbeter unter unseren Pfleglingen auch unumgänglich. Andererseits lässt sich diese Variante oft nur schwer realisieren und man muss sich zusätzlich anderer Hilfsmittel bedienen.

Aber Vorsicht: die hier beschriebenen Wege sind nicht für alle Arten zu empfehlen! Am einfachsten erwärmt man den Behälter **von unten** mit **Heizmatten**, -platten oder anderen speziell für Terrarien entwickelten Aggregaten, die nur eine **milde**, aber völlig ausreichende **Hitze** abstrahlen.

Solche Heizvorrichtungen müssen nach unten isoliert werden, um unnötige Energieverluste zu verhindern. Da diese Apparaturen enorm viel Strom verbrauchen, sollte man immer versuchen, ihre unter den Terrarien installierten Vorschaltgeräte, deren Abwärme sonst sinnlos im Zimmer verpuffen würde, als zusätzliche Heizaggregate zu nutzen.

Gut zu wissen

Durch die „Bodenheizung“ lassen sich auch andere Faktoren des Behälterklimas steuern, wie etwa die relative Luftfeuchtigkeit. Bringt man beispielsweise das Aggregat unter dem Wasserbecken, anderen nassen oder feuchten Erdpartien an, so steigt die relative Luftfeuchtigkeit erheblich schneller, als dies bei Erwärmung der trockenen Zonen der Fall wäre.

Eiablageplätze

Ein weiterer Vorteil erwärmter Terrarienböden betrifft das Eiablageverhalten vieler Reptilienweibchen, denn sie nehmen zu diesem Zweck nur ihnen optimal erscheinende Stellen an. Ein Kriterium dafür ist in der Regel die **Substratwärme**. Wird der gesamte Behälter nur von oben, das heißt mit Strahlern erwärmt, so bleibt der Bodengrund teilweise ein wenig zu kühl, um den Weibchen als geeignet zu erscheinen. Dies führt häufig zu **Legenot** mit Todesfolge.

Gut zu wissen

Andererseits ist bei der Bodenheizung Vorsicht angebracht und eine aufmerksame Beobachtung der Tiere erforderlich. Sollten die Muttertiere bei einigen Arten das Graben einstellen, kann dies daran liegen, dass der Bodengrund in den tieferen Schichten immer wärmer wird. Dann muss man sich mit starken Wärmestrahlern behelfen, um die Temperaturen zumindest lokal auf das erforderliche Niveau und die natürliche Höhenverteilung zu bringen.

Externe Boden- und Wandheizung

Große Probleme bereitet unweigerlich das Beheizen eines **Großterrariums**, da zumeist mehrere Kubikmeter Luft erwärmt werden müssen. Über den Boden wäre dies kaum zu bewältigen, da er dafür auf etwa 80 °C erwärmt werden müsste. Die beste Lösung ist eine Fußbodenheizung, die man **zusätzlich in der Wand** verlegt, sodass Boden und Wände erträgliche Temperaturen aufweisen und gleichzeitig die

Luft im Behälter auf das gewünschte Niveau erwärmt wird.

Gut zu wissen

Für Großterrarien empfiehlt sich aus Energiespargründen ausschließlich der Einsatz einer normalen Warmwasser-Variante, die an die Wohnungs- oder Hausheizungsanlage angeschlossen wird, denn die Verwendung von Strom dürfte für Normalverbraucher unbezahlbar sein.

Installation im Terrarium

Nicht immer bietet sich die Möglichkeit, die Wärmequelle direkt unter dem Terrarium zu installieren. Dann verbleibt einzig die riskante Alternative, sie im Behälter selbst anzuordnen. Hierfür verwendet man am besten **Heizkabel** mit einer **stabilen Silikonummantelung**, die immer direkt auf dem Terrarienboden verlegt und mit Klebeband gegen das Verschieben durch grabende Echsen gesichert werden.

Gut zu wissen

Der nachträgliche Einbau solcher Heizkabel erfordert viel Geschick und starke Nerven, da man riskiert, ein Ende gerade immer dann, wenn es im Bodengrund versenkt ist, beim nächsten Handgriff wieder herauszuziehen.

Als Heizaggregate eignen sich auch **Aquarienheizer** mit einer Leistung von 5 Watt. Sie bilden eine milde lokale Wärmequelle und platzen auch

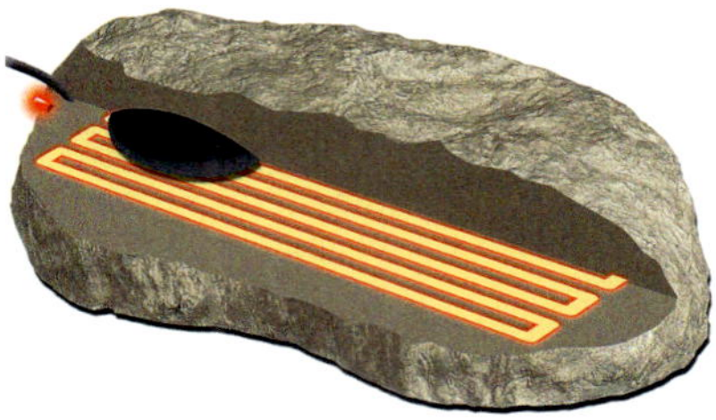

Schnitt durch einen Heizstein der Firma Exo Terra.

bei einem Hitzestau im Bodengrund nie, sofern sie nicht mit kaltem Wasser besprüht werden. Man kann sie entweder genau wie Heizkabel auf dem Boden verlegen oder, gut in einer Korkröhre verborgen, etwas höher im Terrarium anbringen.

Wesentlich einfacher und oft besser zu handhaben ist das überall im Zoofachhandel erhältliche Zubehör, was vom **Heizstein** bis zur **Heizmatte** reicht.

Wichtig

Nicht geeignet sind die sogenannten Wärmehöhlen, da die Tiere oft kühlere und feuchtere Verstecke zur Thermoregulation aufsuchen und sich dort nicht weiter erwärmen wollen.

Risiken und Gefahren

Leider schaffen derartige Installationen auch eine Reihe von Gefahrenquellen. So muss etwa die Stelle, an der das Kabel eingeleitet wird, sorgfältig mit Silikon **abgedichtet** werden, um das Entweichen von Futtertieren zu verhindern. Außerdem nagen Grillen und andere **Futtertiere** hin und wieder die Silikonummantelung an. Das kann einen **Brand** oder **Stromschlag** zur Folge haben. Gegen dieses Risiko bieten **Kabelschächte** und Ähnliches zusätzliche Sicherheit.

Einfahren und korrigieren

Vor dem endgültigen Besetzen des Behälters wird man die **Temperaturen** immer mit Hilfe eines Maximum-Minimum-Thermometers an verschiedenen Stellen **messen**. Wenn die Werte dann nicht im gewünschten Bereich liegen, lassen sich immer noch leicht die notwendigen **Korrekturen** durchführen. Neben der Wärme werden üblicherweise auch die relative **Luftfeuchtigkeit** und deren Schwankungen mit Hilfe eines **Haarhygrometers** gemessen, wonach man das Terrarium bei Bedarf durch die bereits vorher an verschiedener Stelle beschriebenen Maßnahmen auf die erforderlichen Werte „eicht“.

Hygrometer.

Ist alles in Ordnung, und hat man auch die wertvollen Pfleglinge in ihr neues „Habitat“ entlassen, so sind gegebenenfalls noch Vorkehrungen gegen Überhitzung und Unterkühlung zu treffen.

Besonders im **Sommer** kann die Raumtemperatur leicht so hoch ansteigen, dass jede zusätzliche Beheizung große Risiken mit sich bringt. Dem kann vorgebeugt werden, indem man mit durch eine **Schaltuhr** an den Stromkreis gekoppelten **Temperaturfühlern** dafür sorgt, dass bei Überschreitung einer bestimmten Wärmeschwelle die gesamte Heizung **ausgeschaltet** wird. Mit einem zweiten Gerät lassen sich überdies bei Erreichen noch höherer Werte die **Beleuchtung** aus- und ein **kühlendes Gebläse** einschalten.

Umgekehrt sorgt ein Temperaturfühler natürlich auch für die **Verhinderung zu niedriger Temperaturen**, indem er die Heizung bei Unterschreiten einer bestimmten Schwelle – etwa 15 °C – bis zu deren erneuter Überschreitung einschaltet.

Tipp

Für Räume wie Wintergärten und Gewächshäuser empfehlen sich die sogenannten Frostwächter (siehe auch Seite 23).

Beleuchtung

Neben der Temperatur spielt für viele unserer Pfleglinge die Beleuchtung eine mindestens ebenso wichtige Rolle: So ist die Aktivität hauptsächlich von den Lichtverhältnissen abhängig, mit deren Hilfe sie die Ruhe- und Aktivitätsphasen sowie den Tag-Nacht-Rhythmus steuern.

Glücklicherweise wird das Angebot an für die Terraristik geeigneten Beleuchtungskörpern ständig umfangreicher, sodass wir jedem Halter nur empfehlen können, selbst zu prüfen, welches gerade die besten Produkte auf dem Markt sind.

Gut zu wissen
Um unseren Tieren eine möglichst angemessene Lichtstärke zu bieten, aber auch aus Energiespargründen sollten nur hochwertige Strahler und Leuchtstoffröhren zur Terrarienbeleuchtung zum Einsatz kommen. Außerdem müssen alle Beleuchtungskörper und Leuchtstoffröhren mit leistungsfähigen Reflektoren ausgestattet sein, da sich die Lichtmenge so nochmals um bis zu 40 % steigern lässt.

T5-Leuchtstoffröhren

Beim derzeitigen Entwicklungsstand nehmen die Leuchtstoffröhren vom **Typ T5 HE** (High Efficiency) eine Spitzenstellung ein. Sie arbeiten sehr umweltfreundlich, da aufgrund ihrer hohen Energieeffizienz und langen Lebensdauer der Rohstoffverbrauch sowie der CO^2-Ausstoß erheblich geringer ausfallen. Bei einem Röhrendurchmesser von 16 mm bieten sie eine **extrem hohe Lichtausbeute**, nämlich bis zu 104 Im/W. Auf den EVG-Betrieb (EVG = elektonisches Vorschaltgerät) mit Cut-off ausgelegt, arbeiten sie um bis zu 20 % wirtschaftlicher als T8-Lampen.

Moderne Beleuchtungskombination von T5-Röhren und LEDs.

Gut zu wissen
Das genannte Leuchtstoffröhrensystem ermöglicht in Kombination mit dem kompakten elektronischen Vorschaltgerät den Bau überaus schlanker Leuchten, deren Volumen um bis zu 50 % geringer ausfällt, während ihre Länge 5 cm weniger beträgt: aus diesem Grunde passen sie perfekt zu 60 oder 120 cm lange Terrarium.

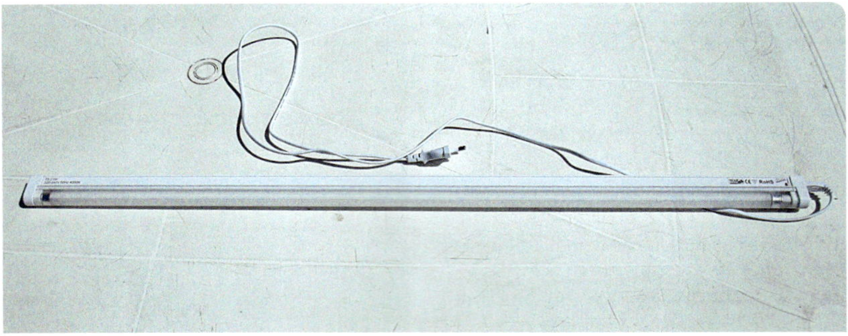

T5-Leuchtstoffröhren sind von geringem Durchmesser und arbeiten sehr energiegünstig.

Die Röhren der Typenreihe **T5 HO** (High Output) zeichnen sich vor allem durch ihren hohen Leuchtenwirkungsgrad aus, der unter anderem auf den geringeren Röhrendurchmesser zurückzuführen ist. Die **Lebensdauer** dieser Leuchtkörper beträgt nach Herstellerangaben etwa 20.000 Stunden, also bei Dauerbetrieb rund 27 Monate.

Zur weiteren Optimierung der Energieausbeute empfehlen sich elektronische **Vorschaltgeräte**, die zum Betrieb von Leuchtstoffröhren mit höheren Hertzzahlen gedacht sind. Dies bietet gleich mehrere Vorteile: einerseits ist der Stromverbrauch der genannten Modelle zumeist minimal, verglichen mit dem **Stromverbrauch** herkömmlicher Vorschaltgeräte. Dadurch verringert sich auch der Ausstoß von **Abwärme** erheblich, was allerdings dazu führt, dass man nicht mehr die Möglichkeit hat, die Vorschaltgeräte wie oben beschrieben, als „Bodenheizung" für darüber angeordnete Terrarien einzusetzen.

Andererseits kommt der Leuchtstoffröhrentyp völlig **ohne Starter** aus, sodass er seine komplette Leuchtkraft sofort nach dem Einschalten erreicht. Die bei konventionellen Modellen auftretende „Flackerphase" ist damit Geschichte, und die Leuchtkörper erreichen eine viel höhere Lebensdauer.

Umweltbewusste Terrarianer werden den dank der niedrigen Wattzahl deutlich geringeren Stromverbrauch begrüßen, der dazu führt, dass sich die höheren **Anschaffungskosten** in relativ kurzer Zeit bezahlt machen.

Gut zu wissen

Erfahrungen aus dem Bereich der Meerwasseraquaristik legen den Schluss nahe, dass man die Röhren schon den Tieren zuliebe nach etwa 18 Monaten durch neue ersetzen sollte, um keinen nachteiligen Leistungsverlust in Kauf zu nehmen.

Lichtfarbe

Nun stellt sich die Frage nach der richtigen Lichtfarbe: Hier sollte man unbedingt Modellen mit **sonnenlichtarti-**

Halogenstrahler mit Vorschaltgerät.

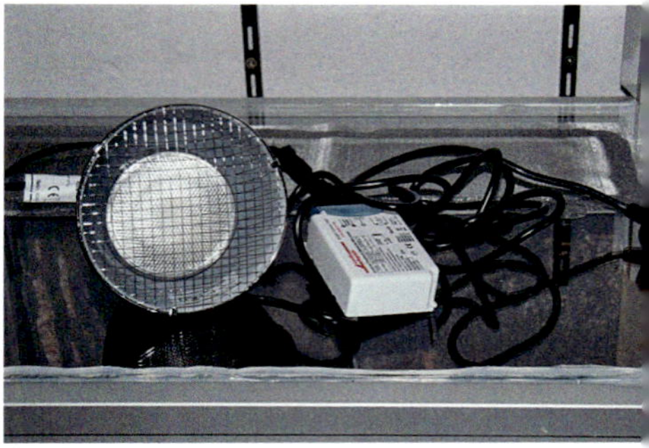

Bausatz einer HQI Lampe mit Schutzgitter.

gem Spektrum den Vorzug geben. Der Zoofachhandel hält dazu ein breites Spektrum an Spezialröhren bereit, aber auch die „normale" Farbe „**Tageslicht**" ist völlig ausreichend.

Im Übrigen empfiehlt es sich, diese Leuchtmittel je nach Tierart mit einigen **Niedervolt-Kaltlicht-Halogenstrahlern** zu kombinieren, die für lokale „Lichtinseln" sorgen. Diese sind nicht nur ästhetisch ansprechend, sie werden auch von den Terrarienbewohnern gern angenommen.

Außerdem haben die genannten Halogenstrahler, mit Ausnahme der sogenannten UV-Stop-Lampen, den Vorteil, auch eine gewisse Menge **UV-Licht** abzugeben, die vor allem in Nachzuchtbehältern ihre wohltuende Wirkung entfaltet.

Gut zu wissen

Für terraristische Zwecke wenig geeignet sind Halogenstrahler mit Reflektor und Schutzglasscheibe, die man häufig in Kaufhäusern erhält.

Metalldampfentladungslampen

Nach unseren Erfahrungen lassen sich Terrarien bis zu einer Höhe von 60–80 cm, je nach gepflegter Tierart, durchaus effektiv mit Leuchtstoffröhren beleuchten, während höhere Becken eigentlich nur noch mit Metalldampfentladungslampen oder vergleichbaren Spezialleuchten auskommen.

Bei den oben erwähnten Metalldampfentladungslampen handelt es sich in erster Linie um **Quecksilberdampf-** (**HQL**) und noch lichtintensivere **Joddampf**-Entladungslampen (**HQI**).

Gut zu wissen

Beide Typen lassen sich nur in Kombination mit Vorschaltgeräten betreiben, die oft auf mehrere Wattstärken ausgelegt sind. Sie werden im Zoofachhandel komplett mit Reflektor angeboten.

Diese Lampen geben nicht nur punktuell erhebliche **Lichtmengen** ab, sondern erzeugen überdies ein gewisses Maß an **Strahlungswärme**, das zahlreiche Pfleglinge sehr zu schätzen wissen.

Wichtig

Die Strahlungswärme kann allerdings, vor allem bei den stärkeren Birnen so groß sein, dass man einen ausreichenden Sicherheitsabstand zwischen Leuchen und Tieren einhalten muss. Sonst kann es zu gefährlichen Verbrennungen bei den Tieren kommen.

Auch für HQI- und HQL-Lampen gilt, dass sich der relativ **hohe Preis** durch die **wirtschaftliche Arbeitsweise** dieser Leuchten nicht nur recht bald amortisiert, sondern insgesamt sogar zu Ersparnissen führt.

Das Spektrum an geeigneten Leuchtmitteln dieser Art im Handel ist sehr groß. Hier seien nur einige Lampen genannt, mit denen wir gute Erfahrungen machen konnten: Bright-Sun von Lucky Reptile, Replux von Namiba Terra und Raptor Solar von der Firma E.N.T. Terrarientechnik.

UV-Licht

In diesem Zusammenhang müssen wir kurz auf die Frage eingehen: „Benötigen Terrarientiere UV-Licht und wenn ja, wie viel?“

Dies lässt sich leider nicht pauschal beantworten. Zahlreiche Terrarianer züchten die verschiedensten Spezies zum Teil über mehrere Generationen völlig problemlos, obwohl sie ihren Pfleglingen nie eine UV-Bestrahlung zukommen lassen. Allerdings setzt

Kleinere Terrarien, beleuchtet mit UV-Sparlampen (Firma Namiba Terra).

dies eine ausreichende Versorgung mit **Vitamin D3** voraus. Jedoch ist auch die vitalitätsfördernde Eigenschaft des UV-Lichtes in diesem Zusammenhang ganz unbestritten und es empfiehlt sich deshalb, tagaktiven Tieren unbedingt ein gewisses Maß an UV-Beleuchtung zukommen zu lassen.

Gut zu wissen
Glas filtert das UV-Licht aus dem Lichtspektrum heraus. Daher den Strahler über UV-durchlässiger Gaze anbringen.

Sprüh- und Nebelanlagen

Eine weitere unschätzbare Arbeitserleichterung für den Terrarianer stellen **vollautomatische** Sprüh- oder Beregnungsanlagen, da man mit ihrer Hilfe die Becken regelmäßig und ganz nach individuellem Bedarf beregnen lassen kann. So bietet man seinen Tieren auch die Gelegenheit, zu festen Zeiten, beispielsweise frühmorgens, als Simulation der Taubildung stets gleich genügend Wasser aufzunehmen. Auch lassen sich auf diese Weise leicht **Trocken- und Regenzeiten** imitieren.

Der größte Vorteil dieser Systeme liegt aber in der durch sie erreichten Unabhängigkeit, da nun im Urlaub, aber auch während kürzerer Abwesenheit nicht täglich jemand nach den Terrarien zu schauen braucht. Überdies bleibt dem Pfleger so mehr Zeit zum Beobachten seiner Schützlinge.

In den letzten Jahren haben sich verschiedene Techniken durchgesetzt: einmal das „Multi-Drop-System“ von Gardena, zum anderen diverse fertige „Baukastensysteme“ aus dem Zoofachhandel. Beide Varianten haben ihre Vor- und Nachteile, die wir an dieser Stelle kurz beschreiben wollen, ohne allerdings Bauanleitungen zu geben.

Sprühanlage, im Deckel des Terrariums installiert.

Gut zu wissen
Der Einbau einer Sprühanlage erfordert in jedem Fall gewisse **planerische Vorarbeiten**, bei denen die unterschiedlichsten Gesichtspunkte bedacht sein wollen und auf die im Folgenden hingewiesen wird.

Terrarium mit einer Sprühanlage der Firma Gardena.

„Multi-Drop-System"

Der Einbau des „Multi-Drop-Systems" ist nicht in jeder Wohnung möglich und sollte gegebenenfalls nur von einem Fachmann vorgenommen werden. Nicht zu Unrecht weist die Firma Gardena ausdrücklich darauf hin, dass man ihr System nur im Freien verwenden sollte. Schon deshalb empfiehlt es sich, die Installierung allenfalls im Keller zu erwägen.

Das „Multi-Drop-System" wird direkt an eine **Wasserleitung im Haus** angeschlossen. Zuerst installiert man zur Steuerung der Sprühanlage den Gardena-**Bewässerungscomputer** mit integriertem Magnetventil, Feinfilter und Zeitschaltuhr, und danach einen Druckminderer, der den Leitungsdruck beim Öffnen der Leitung abfängt.

Der größte **Vorteil** dieses Systems liegt in der **Vielfalt der Düsen** und in ihrer einfachen **Verlegbarkeit**. So wird das Wasser in fest installierten Plastikrohren, die sich durch Kupplungen beliebig miteinander verbinden lassen, bis zu den Düsen geleitet. Letztere kann man nun (jedenfalls laut Herstellerangabe) einfach in das Rohr stecken. Der **Nachteil** ist, dass das Rohr dann aber leider meist nicht dicht schließt. Deshalb sollte man auch die Düsen immer durch Kupplungen mit der Leitung verbinden.

Regenanlage

Besonders gut geeignet ist die Regenanlage der Firma E.N.T., die mit einer speziellen Hochdruckpumpe, keiner Tauchpumpe, ausgestattet ist und für eine maximale Durchflussrate von 1 l pro Minute sorgt. Aufgrund der niedrigen Ansaughöhe der Pumpe muss man diese allerdings unter dem Wasserspiegel eines speziellen **Vorratsbehälters** (Volumen: 10 bzw. 20 l) anbringen.

Über Hochdruckschläuche, für die ein spezielles Stecksystem aus Verbindungen und Verteilern zur Verfügung steht, wird das Wasser nun zu den Düsen geleitet, von denen sich mit einer einzigen Pumpe problemlos zehn bis zwölf betreiben lassen. Gesteuert wird das Ganze allein durch eine **Zeitschaltuhr**.

Der Durchfluss einer Düse beträgt 0,05 l pro Minute. Diese geringe Menge erlaubt es, das Terrarium mehrmals täglich zu besprühen, ohne das Risiko einer „Überflutung".

Der Sprühwinkel (80°) sorgt überdies dafür, dass eine relativ große Fläche benetzt wird. So genügen etwa für

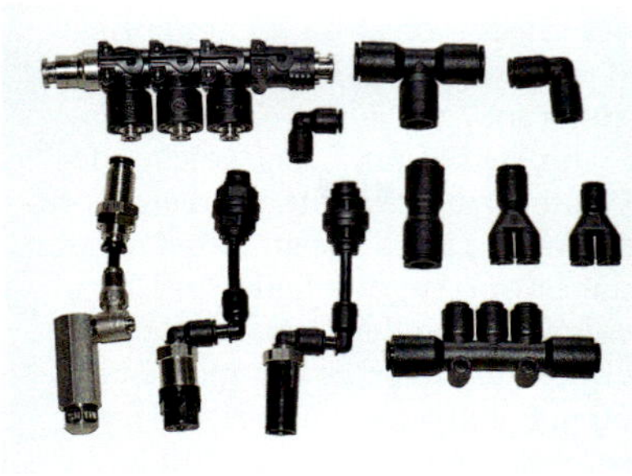

Bauteile für eine Sprühanlage der Firma E.N.T.

Abflüsse, die man in das Terrarium einbauen kann, gibt es in verschiedenen Versionen.

Terrarien mit einer Grundfläche von 80 × 50 cm zwei dieser Düsen völlig.

Zu ihrem sicheren Einbau muss man die Terrariendecke mit einer 10-mm-Bohrung versehen, was bereits bei der Anschaffung zu berücksichtigen ist.

Abflüsse

Bei jeder dieser Sprühanlagen darf man allerdings nicht vergessen, dass die damit ausgestatteten Terrarien mit einem nicht zu kleinen Abfluss versehen sein müssen. Dafür lässt man im Boden jeweils eine Bohrung von etwa 10–27 mm Durchmesser anbringen, in die entweder eine Schraubmuffe oder ein einseitig verschraubbarer Abfluss aus Plastik, etwa die im Caravanzubehörhandel erhältlichen Modelle für Wohnwagenwaschbecken, eingeklebt wird. Daran schließt man ein dichtes Schlauchsystem an, welches das Wasser direkt in ein Abflussrohr leitet.

Gut zu wissen

Der Abfluss muss durch Filterwatte oder ähnliches Material gut gegen das Eindringen von Einrichtungsgegenständen und Tieren gesichert sein.

Wassertemperatur

Ein in diesem Zusammenhang vieldiskutiertes Problem ist die Temperatur des Sprühwassers. Vielen kommt das direkt aus der Leitung fließende Wasser besonders im Winter für viele Tiere unnatürlich kalt vor.

Wer also für einen **warmen „Niederschlag“** sorgen will, sollte im Terrarienzimmer unter der Decke einige Meter Kupferrohr oder Druckschlauch verlegen, in denen sich das Wasser **auf Zimmertemperatur** erwärmen kann, bevor es aus der Düse tritt.

Außerdem muss man sich unbedingt eine Möglichkeit schaffen, diese Erwärmungsvorrichtung im Sommer „stillzulegen“, da das Wasser sonst viel zu warm würde.

Ultraschall-Nebler

Zum Abschluss wollen wir noch die Ultraschall-Luftbefeuchter erwähnen, die als Nebelanlagen zur Habitatsdurchfeuchtung oder zur bloßen Steigerung der relativen Luftfeuchtigkeit eingesetzt werden können.

In aller Regel arbeiten Nebelanlagen wesentlich **betriebssicherer** als Sprühsysteme, da sie nicht mit deren enormem Leitungsdruck arbeiten.

Die benebelten Terrarien müssen auch nicht mit einem Abfluss ausgestattet sein und können deshalb bedenkenlos in jeder Wohnung eingebaut werden.

Für die **Froschpflege** bieten sie wesentliche Vorteile: So reagieren die Tiere etwa viel schneller und stärker auf eine 100%ige relative Luftfeuchtigkeit und das Überbrausen des Terrariums.

Auch bei zahlreichen **Insekten** ist es sehr von Vorteil, wenn die relative Luftfeuchtigkeit nachts, besser noch in den frühen Abendstunden stark ansteigt, weil die Tiere in der Natur den abendlichen **Tau** für ihre **Häutung** nutzen.

Gut zu wissen
Zum Beregnen der Behälter sind Luftbefeuchter nicht geeignet, da die austretende Wassermenge viel zu gering ist.

Beim Kauf eines der überall im Handel erhältlichen Ultraschall-Luftbefeuchters sollte darauf geachtet werden, dass er einen **Entkalker** enthält, denn die meisten anderen Geräte dürfen nur mit destilliertem Wasser betrieben werden. Auch sollte die **Kapazität des Tanks** so gewählt sein, dass der Wasservorrat für mehr als eine Woche ausreicht. Ideal wäre dabei ein 10-l-Tank.

An die Öffnung, aus welcher der Wasserdampf austritt, wird ein **Rohrsystem** angeschlossen. Dabei müssen die Leitungen, durch die der Dampf vom Gerät zu den Terrarien strömt, einen Durchmesser von mindestens 60 mm aufweisen. An dieses Hauptrohr schließt man einige dünnere Rohre mit einem Durchmesser von etwa 30 mm an.

Info
Die Rohre müssen im Terrarium enden und mit einem sehr groben Gewebe, Maschenweite circa 5 mm, gesichert werden, damit keine Terrarienbewohner oder Futtertiere eindringen können.

Der Leitungsweg darf nicht zu lang geraten! Ebenfalls sehr wichtig ist es, dass die gesamte Rohrleitung ein **leichtes Gefälle** aufweist, damit das darin kondensierende Wasser ins Gerät oder ins Terrarium zurücklaufen kann.

Gut zu wissen
Mit einer Nebelanlage lassen sich je nach Leistungsstärke des Luftbefeuchters etwa vier bis acht Normalterrarien betreiben.
Dabei darf man nicht vergessen, dass der Wasseraustritt aber sehr gering ist. Das bedeutet, dass zusätzlich gesprüht und die Pflanzen gegossen werden müssen.

Terrariengestaltung und -einrichtung

Grundsätzlich beginnt die Terrarieneinrichtung mit dem Verkleiden von Seitenscheiben und Rückwand. Je nach dem zu imitierenden Biotop bieten sich dabei die verschiedensten Möglichkeiten.

Kunststoffrückwände

Erst seit einigen Jahren nehmen immer mehr fertig modellierte Kunststoffrückwände, die in zahlreichen Variationen angeboten werden, Einzug in unsere Terrarien. Die Bandbreite der Motive reicht vom Bambushain über Wurzeln im Wildbach oder Baumstammsegmente bis hin zu ganzen Felslandschaften.

Obwohl sie aus künstlichem Material bestehen, sehen sie **täuschend echt** aus. Aufgrund ihrer Beschaffenheit verrotten sie nicht, bewachsen sich dafür aber auch nur sehr langsam mit Moosen, Algen oder Flechten.

Verarbeitung

Die Rückwände werden auf das gewünschte Maß zurechtgeschnitten und können dann, beispielsweise mit Silikon, auf die Terrarienwand geklebt werden. In größeren Behältern lassen sich die **einzelnen Module** zu einer Gesamtrückwand verbinden.

Probleme bereitet der Einbau von künstlichen Rückwänden, wenn diese selbst **keine ebene Rückseite** aufweisen. Dann eignet sich als Kleber eigentlich nur Montageschaum, der in jedem Baumarkt erhältlich ist.

- Zur Befestigung legt man die Rückwand an die entsprechende Stelle im Terrarium und spritzt vorsichtig Montageschaum in den Hohlraum zwischen Terrarienrückwand und künstlicher Rückwand.
- Da der Schaum sich um ein Vielfaches ausdehnt, würde er die künstliche Rückwand leicht anheben und dann unregelmäßig ankleben. Um dieses zu vermeiden, muss die künstliche Rückwand nun erheblich beschwert werden.

Im Handel erhältliche Fertigrückwand der Firma Namiba Terra.

- Der nun an den Seiten herausgequollene Schaum kann nach dem Aushärten leicht mit einem Messer abgeschnitten werden. Abschließend werden die Kanten zum Schutz vor dem Eindringen von Tieren mit passend eingefärbten Dichtungsschlämmen verschlossen.

Tipp

Bei Produkten aus dem Baumarkt unbedingt die Anleitung und die Sicherheitshinweise des Herstellers beachten.

Korkrück- und Seitenwände

Aber auch die klassischen Rück- und Seitenwände sind immer noch beliebt. In allen Behältertypen und auch bei den nachzuahmenden Lebensräumen hat sich das Bekleben der Wände mit dünnen Korkplatten bewährt, da diese auch gegen Feuchtigkeit relativ resistent sind und den Tieren zusätzlichen Raum zum Klettern bieten.

Tapezierkork eignet sich zur Verkleidung der Wände.

Verarbeitung

Korkplatten gibt es in den unterschiedlichsten Stärken und Qualitäten sowie in zwei Farben. Am gebräuchlichsten ist der helle, im Tapetenhandel oder in Baumärkten überall erhältliche Kork, der zum Beispiel als **Wandverkleidung** benutzt wird. Die in der Regel 30 × 60 cm großen und 2 mm starken Platten werden auf das gewünschte Maß zurechtgeschnitten und dann mit Silikon aufgeklebt.

Wesentlich vielseitiger lässt sich der dunkle, in Stärken von 20–60 mm angebotene **Dachdeckerkork** verwenden, den man in allen größeren Dachdeckerbedarfsgroßhandlungen erwerben kann. Hier gibt es zwei verschiedene Qualitäten. Zum einen den einfach heiß gepressten, zum anderen den geklebten.

Wichtig

Für die Terrarien ist nur die heiß gepresste Sorte geeignet, da der geklebte Kork laufend giftige Lösungsmitteldämpfe freisetzt.

Vorteile

- Anders als beim dünnen Material lässt sich die Oberfläche vom Dachdeckerkork mit einer Fräse oder Ähnlichem so bearbeiten, dass sie das Klettern der Pfleglinge stark begünstigt.
- Überdies ermöglicht sie dank ihrer Stärke eine Bepflanzung und weist ein fast natürliches Aussehen auf.
- Der Kork lässt sich beispielsweise durch Sägen, Brechen oder anderes gut verarbeiten. Da er zudem sehr leicht ist, eignet er sich auch zur

Gestaltung von Aufbauten und als Grundlage für Felsimitationen.
- In schmale Streifen geschnitten, jeweils mit einer gesägten und einer gebrochenen Seite, lässt er sich mit der glatten Fläche problemlos an die Wände kleben. Die so entstehenden „Aussichtsplattformen“ sind begehrte Aufenthaltsplätze.
- Auch Felsspalten kann man so leicht und gut kontrollierbar nachgestalten, oder einfach nur die verfügbare Lauffläche vergrößern. Als Felsspaltimitation klebt man die unten fächerartig immer enger zusammenlaufenden Korkstreifen an eine Seite der Rückwand.

Tipp

Da dieser Kork sehr stark staubt, empfiehlt es sich dringend, seine Oberfläche noch vor dem Einbau ins Terrarium unter freiem Himmel zu überarbeiten.

Die so gestalteten **Verstecke** werden trotz ihrer **guten Kontrollierbarkeit** von den Tieren gern angenommen. Am Verhalten der Bewohner erkennt man leicht, ob sie sich darin völlig sicher fühlen.

Begrünen

Auch bepflanzen lässt sich der dunkle Kork leicht: Hierzu bohrt man ein Loch, in das der Wurzelballen der Pflanze mit etwas Erde fest hineingesteckt wird. Wenn man anschließend das Gießen nicht vergisst, wurzeln die Gewächse recht schnell ein. Der rankende **Zwerggummibaum** *Ficus pumila* etwa verwandelt auf diese Weise die triste dunkelbraune Rückwand binnen kürzester Zeit in ein grünes Blättermeer.

Künstlicher Felsenaufbau im Wüstenterrarium.

Ebenso gut kann man aber auch **Epiphyten** anheften oder sogar ankleben, wobei die Wurzeln vieler Arten jedoch in *Sphagnum* (Torfmoos) eingebettet werden müssen, da Kork das Wasser nicht lange hält und so auch keine Staunässe entsteht.

Tipp

Die schönste Variante an Naturkorkprodukten sind plangepresster Korkeichenrinde. Sie ist in Platten bis zu einer Größe von 100 x 50 cm etwa im Zoofachbedarf erhältlich.

Wände im Trockenterrarium

Schwieriger gestaltet sich demgegenüber die Einrichtung von Trocken- oder Wüstenterrarien. Optisch am schönsten, aber auch am natürlichsten wirkt eine **Felswand**, die den Bewohnern gleichzeitig mehr Bewegungsraum böte. Als **Materialien** eignen sich für diesen Zweck vor allem Moltofill (für außen) oder **Dichtschlämme**. Beide sind in Baumärkten erhältlich und lassen sich leicht verarbeiten.

Verarbeitung

- Zuerst klebt man als Kern der eigentlichen Felswand einige Kork- oder Styroporstreifen auf die Wand.
- Dann legt man das Terrarium, wenn dies möglich ist, auf die betreffende Seite und bestreicht die ganze Wand inklusive der Aufbauten dünn mit Dichtschlämme. Lässt sich das Becken nicht mehr bewegen, so rührt man die Spachtelmasse etwas dicker an und trägt sie dann vorsichtig auf die Wände auf.
- Damit das Terrarium nun nicht das typische triste Betongrau aufweist, kann man das Material nach Wunsch zum Beispiel mit Eisenoxid für Rottöne oder anderen zementfesten Pigmenten eintönen. Dabei erhält man je nach Beigabemenge unterschiedliche Farbschattierungen und -intensitäten.
- Wenn das immer noch zu trist wirkt, lässt sich die Oberfläche auch mit rotem Sand oder anderen Materialien bestreuen, die für eine rauere Struktur sorgen.
- Für Felsbewohner kommt auch ein Verkleiden der Terrarienwänden mit dünnen Steinplatten in Frage.

In diesem Terrarium besteht das Substrat aus gepresster Kokoserde.

Bodengrund

Sind die Wände fertig gestaltet, so wird als nächstes der Bodengrund eingebracht. Seine unterste Lage bildet bei bepflanzten Behältern stets eine Art **Drainageschicht**, die das überflüssige Wasser auffängt und an der man leicht erkennen kann, wann die Pflanzen wieder gegossen werden müssen. Sie sollte aus leichtem Material wie **Styroporschnipseln** oder **Lecatonkugeln** bestehen und etwa 2–3 cm hoch sein. Damit sie sich nicht mit der darüber folgenden Erdschicht vermischt, wird sie mit einer Lage **Filterwatte** oder ähnlichem Stoff abgedeckt.

Darüber füllt man nun das eigentliche Substrat ein, welches aus verschiedenen Materialien bestehen kann, etwa einem Sand-Torf-Gemisch, Garten- oder Blumenerde, Lehm, Holzspäne oder anderes.

In Wüsten- und Trockenterrarien
Hier kann man natürlich auf eine Drainageschicht verzichten. Als Bodengrund verwendet man hier Sand oder Lehm. Alle Pflanzen werden in Pflanzschalen in den Behälter gestellt, damit man beim Gießen nicht immer den gesamten Bodengrund durchfeuchtet. Optisch am schönsten wirkt natürlich roter Sand, den man in Deutschland zum Beispiel in der Eifel findet.

Bei trockenen Terrarientypen legt man auf den Boden einige dünne Steinplatten beziehungsweise Kork- oder Rindstücke, die von den Tieren gerne als Versteck angenommen werden.

In Regenwaldterrarien
Hier wird die Bodenschicht mit Laub, Moos, Rindstücken oder dünnen Steinplatten abgedeckt, sodass die Bewohner ausreichend Möglichkeit haben, sich dazwischen zu verbergen.

Gänge und Höhlen

In den meisten Fällen kommt der Höhe des Substrates keine entscheidende Bedeutung zu. Nur bei Arten, deren Weibchen regelrechte **Legeröhren** graben oder sogar in **Wohnhöhlen** leben, muss eine sehr **hohe Bodenschicht** vorhanden sein, die auch in sich eine gewisse **Stabilität** aufweist. Am festesten sind natürlich Gartenerde oder Lehm, aber bisweilen reicht auch eine Mischung aus lockeren Substanzen aus, um für einen stabilen Bodengrund zu sorgen, in dem die Pfleglinge leicht **graben** können.

Unterschiedliche Materialien, sie sich Bodengrund eignen, von links: Terrarienhumus, Buchenspäne, Pienienborke und Kokosfaser.

Künstliche Höhle mit Steinähnlichkeit.

Terrarium mit einem speziellen Behälter für die Eiablage.

Gut zu wissen
Bei der Pflege von stark grabenden Arten sollte man nie vergessen, die Pflanzen nur in festen, standsicheren Blumentöpfen einzubringen.

Einfacher gestaltet sich der Versuch, die Tiere an **fertig gemauerte Gänge** oder mit Erde gefüllte, abgedeckte Holzkisten zu gewöhnen.

Eiablageplätze

Zur Eiablage werden flache, mindestens 5 cm hoch mit leicht feuchtem Substrat gefüllte Schalen ins Terrarium eingebracht, die man teilweise mit dünnen Steinplatten oder Ähnlichem abdecken sollte. Da auch in Wüsten- und Trockenterrarien stets eine feuchte Stelle vorhanden sein muss, besprüht man bei diesem Typ immer nur in eine Ecke, in der auch die nie fehlende Wasserschale steht. So haben die Tiere immer die Möglichkeit, eine feuchtere Stelle aufzusuchen.

Äste und Wurzeln

Als weitere Einrichtungsgegenstände kommen Kletteräste, alte, verwachsene Wurzeln, größere Steinaufbauten oder aber Epiphytenäste in Frage.

Besonders schön wirken alte Wurzeln, die den Tieren durch zahlreiche

Gut zu wissen
Die Äste sollten sorgfältig ausgewählt werden: Sie dürfen weder morsch sein noch eine allzu glatte Oberfläche besitzen.

Löcher und **Gänge** eine ganze Reihe zusätzlicher **Versteckmöglichkeiten** bieten. Für große und insbesondere schwere Tiere muss man allerdings schon sehr dicke Äste oder gar dünne Baumstämme auswählen. Alle der Natur entnommenen Äste und Wurzeln müssen vor dem Einbringen ins Terrarium gründlich **gereinigt** und **getrocknet** werden, um das Einschleppen von Schnecken, Asseln, Tausendfüßlern, Drahtwürmern und Ähnlichem zu verhindern

Als Alternative bieten sich große **Korkröhren** an, die der Handel teilweise mit Durchmesser von mehr als 20 cm anbietet.

Tipp

Mit Beton ausgefüllt, liefern Korkröhren einen stabilen, unverrottbaren Baumstammersatz. Wer auf das Gewicht achten muss, kann sie auch mit PU-Schaum ausfüllen, doch muss man dann wegen des fehlenden Eigengewichts für eine stabile Verankerung sorgen.

Epiphytenäste

Leider fast ausschließlich nur bei der Haltung von kleineren, grazilen und leichtgewichtigen Pfleglingen eignen sich die sogenannten Epiphytenäste, an oder auf denen schöne

Neben Kletterästen und einer Korkröhre besteht die Einrichtung hier noch aus einem Starenkasten als Geburtshöhle für die Jungen von Rhacodactylus trachycephalus.

Tillandsien, attraktive **Orchideen** oder **kleine Farne** kultiviert werden können.

Um die Epiphytenpflanzen zu befestigen, kommen für das Terrarium stark verwachsene Rebstöcke, aber auch dünne Wurzeln in Frage. Zur Bepflanzung eignen sich alle Arten von Aufsitzerpflanzen. Diese werden entweder einfach mit Silikon an den Ast geklebt, oder man bettet ihre Wurzeln in *Sphagnum* (Torfmoos) ein und presst sie dann in eine Astgabel. Alternativ lassen sich die Epiphyten auch mit durchsichtigem Nylonband aufbinden.

Felsen

Schwieriger gestaltet sich demgegenüber die Integration von Felslandschaften. Da Natursteine sehr schwer sind, können sie nur in Terrarien verwendet werden, die einen soliden Unterbau aufweisen und deren Bodenscheibe völlig plan auf dem Unterbau aufliegt.

Gut zu wissen

Bei schweren Einrichtungsgegenständen sollten die Behälter zusätzlich auf einer Hartschaummatte für Aquarien stehen, die kleinere Stöße abfangen kann.

Wüstenterrarium mit Felsenimitation und Modulen.

Wer auf **echte Steine** im Terrarium nicht verzichten will, muss mit ihrem Aufbau immer auf dem Boden beginnen, denn es kann leicht einmal vorkommen, dass grabende Tiere die Steine unterwühlen und dann von diesen zerquetscht werden.

Den zum Einmauern verwendeten Zement kann man nach Wunsch mit Metalloxydfarben tönen, um ihm ein möglichst natürliches Aussehen zu verleihen.

Wichtig

Derart schwere Gebilde sind immer nach einem genau festgelegten Plan ins Terrarium einzubringen; dabei werden die Steine in kleinen Einheiten aufgemauert, die leicht separat entnehmbar und gut zu kontrollieren sind.

Wesentlich leichter und vielseitiger lassen sich **künstliche Felslandschaften** gestalten. Man baut dazu ein Gerippe aus dicken Kork- oder Styroporplatten beziehungsweise -blöcken. Das Styropor kann man anschließend mit eingefärbtem Moltofill, für die Außenanwendung, oder Fertigbeton verputzen. Durch das Aufstreuen verschiedener Materialien wie etwa Sand oder feinem, farbigen Kies lässt es sich zusätzlich verschönern.

Wichtig

Bevor die so mit einander verbundenen Steinaufbauten in das Terrarium gelangen, bedürfen alle zementhaltigen Teile noch einer gründlichen Wässerung.

Fließende Gewässer und Wasserteil

Zahlreiche Tiere trinken viel lieber bewegtes Wasser als stehendes. So besteht die Möglichkeit, das Terrarium mit einem kleinen Zimmerspringbrunnen auszustatten, wie er beispielsweise in Hydrokulturanlagen verwendet wird. Dies erfordert natürlich einige besondere **bauliche Vorrichtungen**, etwa eine absolut **wasserdicht** und gut geschützt verlegte **Stromzufuhr**.

Noch schöner wirkt ein kleiner **Bachlauf** mit Wasserfall, der in einem größeren Becken endet. Wenn man sich ohnehin schon für eine Kunstfelsenlandschaft entschieden hat, kann man auch gleich einen Bachlauf oder Wasserfall darin integrieren. Betrieben werden sollte dieser mit einem sehr großen Aquarienfilter beispielsweise der Marke Eheim. Auch diese Variante erfordert viele bauliche Besonderheiten, etwa einen **Abfluss** aus dem Wasserbecken zum **Filter** und eine von dort versteckt zum Beginn des Bachlaufs **zurückführende Wasserleitung**. Wenn man das zu aufwendig findet, lassen sich auch auf fertigen Wasserläufe aus dem Zoofachfachhandel verwenden.

Als **Wasserteile** eignen sich die zahlreichen im Fachhandel erhältlichen Modelle. Weniger geeignet sind solche, die ins Terrarium eingeklebt wurden, weil sie sich nur schwer reinigen lassen.

Im Großterrarium

Komplizierter gestaltet sich der Einbau eines geeigneten Wasserteils in ein Großterrarium. Hierfür haben sich die besonders leichten, in verschiede-

Raumterrarium mit Bambuswand und Wasserfall.

nen Größen erhältlichen **Plastikduschwannen** bewährt, aber auch fertig geformte **kleinere Gartenteiche** kommen in Frage. Beide haben den Vorteil, dass sie bereits mit einem Abfluss versehen sind, wodurch sich die Reinigung und der Wasserwechsel erheblich vereinfachen.

Auch in Wüstenbecken darf nie eine flache Schale mit stets frischem Trinkwasser fehlen, obwohl die meisten Tierarten ihren Flüssigkeitsbedarf gewöhnlich über die Nahrung decken.

Für einige **Baumbewohner** ist es von Vorteil, wenn die Wasserschale etwas höher im Terrarium angebracht ist, zum Beispiel in einer Astgabel oder auf einem höheren Felsvorsprung.

Gut zu wissen
Über dem künstlichen Wasserteil sollte sich immer ein stärkerer Ast befinden, damit die Tiere leicht herausklettern können.

Die richtige Bepflanzung

Der Versuch, eine zoogeographische Einheit von Tieren und Bepflanzung herzustellen, ist für eine artgerechte Haltung nicht notwendig – die Ansicht, dass letztere nur bei genauer **Nachgestaltung** des natürlichen Lebensraums möglich wäre, trügt. Wie sollte man auch sonst erklären, dass sich zahlreiche Arten in freier Natur problemlos dem neuen „Lebensraum" Müllhalde angepasst haben und sich dort bester Gesundheit erfreuen? Dieses Biotop wird aber sicher niemand in seinem Terrarium nachgestalten ...

Bei dem Versuch, im Behälter einen geographischen Biotop zu imitieren, sollte man daran denken, dass dieser in der Natur ein in sich zusammenhängendes Ganzes bildet, aus Pflanzen, dem Untergrund, zahllosen Tierarten, insbesondere auch Raubfeinden, die in vielfältigen Beziehungen zueinander stehen. Man spricht auch vom Öko-„system", das Terrarium niemals zu simulieren ist.

Die Bepflanzung im Terrarium spielt als Lebensraum für viele Tierarten eine untergeordnete Rolle, weil nur die wenigsten wirklich auf sie angewiesen sind. Überdies vertauschen zum Beispiel viele Geckos gern ihr natürliches Habitat, den Baumstamm, gegen eine glatte Korkfläche an der Rück- oder Seitenwand des Terrariums.

Die Bepflanzung dient folglich mehr der optisch-ästhetischen Gesamtwirkung. Trotzdem kann sie aber auch wichtige **Funktionen** wahrnehmen:

- So lässt sich das Innere des Terrariums durch geschickt platzierte Pflanzen in mehrere „Reviere" aufteilen.
- Bei vielen Arten bieten die Gewächse gleichzeitig auch eine Form von natürlicher Deckung und Sichtschutz gegen Tiere der gleichen Spezies.
- Größere, dichte Pflanzen können sogar ein besonderes Kleinklima schaffen, das dem Wohlbefinden unserer Pfleglinge häufig sehr zuträglich ist.

Künstliche Bromelien (Firma Exo Terra) eignen sich für die Kaulquappen von Dendrobatiden.

Die meisten Terrarianer beschränken sich deshalb darauf, im Rahmen des jeweiligen Behälters gewissermaßen ein kleines „**Wohnzimmer-Biotop**“ zu schaffen, dessen Bepflanzung auf möglichst naturnahe Weise Artenvielfalt und Unübersichtlichkeit des Regenwaldes widerspiegeln soll. Dies ist kein leicht umzusetzendes Unterfangen, denn die Kultur von Tillandsien, Orchideen und zahlreichen Zwergfarnen erfordert ebenso viel Mühe und Erfahrung wie die Pflege der eigentlichen Terrarienbewohner.

Oophaga pumilio mit Quappe auf dem Rücken. Diese Frösche brauchen einen Lebensraum mit Wasser für die erfolgreiche Aufzucht ihrer Nachkommen.

Gut zu wissen
Die Terrarienbepflanzung betreffend sollte man nie vergessen, dass sich dann als Tierbesatz nur kleinste, möglichst leichtfüßige und nicht „vegetarische" Arten eignen. Wer also sein Augenmerk nicht nur auf die Pflege von Tieren, sondern auch auf die Bepflanzung richten will, sollte vorher gründlich die einschlägige Literatur studieren.

Große Tiere

Selbst große Schlangen und Echsen lassen sich aber auch in sehr dekorativ bepflanzten Großterrarien pflegen. Hier wird der **optische Eindruck** weniger von der Artenvielfalt als vielmehr durch die Größe der Pflanzen geprägt, die beispielsweise einen Wasserteil – möglichst mit Bachlauf oder Wasserfall im Zentrum – einrahmen oder überdachen.

Selbst der Anblick eines trockenen Wüstenbeckens lässt sich mit Hilfe einiger hübscher Sukkulenten optisch erheblich verbessern.

Allerdings ist die **Auswahl** der Pflanzen, die sich für Trocken- oder Felsterrarien zur Pflege von Tieren aus Habitaten mit spärlichem Pflanzenwuchs, vor allem Gras, vorkommen, im Allgemeinen schwieriger. Selbst die verschiedenen Zimmer- und Ziergräser weisen in der Regel in solchen Behältern nur eine geringe Lebenserwartung auf.

Deshalb empfiehlt es sich, auf andere **Pflanzen aus Trockengebieten** zurückzugreifen, wie die verschiedenen *Aloe*- und *Echeveria*-Arten.

Agavengewächs für das Trockenterrarium.

Grabende Tiere

Bei der Pflege von grabenden Tieren muss man die Gewächse, wie erwähnt, unbedingt in festen, möglichst noch **mit Steinen beschwerten** Blumentöpfen oder Pflanzenschalen in das

Gut zu wissen
Alle Terrarienpflanzen werden separat gewässert, weil das tägliche Überbrausen des gesamten Beckens zum Tränken der Tiere hierfür nicht ausreicht: Das Sprühwasser befeuchtet in der Regel nur die Oberfläche und ist nach kurzer Zeit schon wieder vollständig verdunstet.

Kunstpflanzen können die ästhetische Lösung sein, wenn die Tiere echte Pflanzen fressen würden.

Terrarium stellen, um ihr Ausgraben oder Umkippen zu erschweren; dann kann man sie auch gießen, ohne dabei gleich den ganzen Behälter unter Wasser setzen zu müssen.

Aber auch für eine ausreichende **Beleuchtung** muss stets gesorgt werden. Der ideale Standort einer Pflanze ist immer **der hellste Platz** im Terrarium, da sie bei Lichtmangel lange, dünne Triebe ausbildet, die leicht abbrechen und ihr ein unvorteilhaftes Erscheinungsbild verleihen.

Linke Seite: Bartagamen in einem Terrarium mit künstlicher Rückwand.

Gut zu wissen

Auf eine Düngung der Pflanzen kann man verzichten, weil sie von den Tieren auf denkbar natürliche Weise besorgt wird. Bei Schädlingsbefall entfernt man gegebenenfalls die ganze Pflanze, denn selbst der Einsatz sogenannter natürlicher Insektizide ist immer bedenklich.

Zum Fressen gern

Vergessen sollte man außerdem nie, dass zahlreiche Tierarten Vegetarier sind und daher alles frische Grün nur als willkommene Bereicherung ihres Speisezettels ansehen. Jede Bepflanzung wäre in solchen Fällen vergebliche Liebesmühe, es sei denn, man kann die Gewächse so anbringen, dass sie für die Tiere völlig unerreichbar bleiben.

Ernährung und Fortpflanzung

Ernährung und Fortpflanzung

Nach dem wir die grundlegenden technischen Aspekte der Terraristik erörtert haben, wollen wir auf weitere Voraussetzungen für eine **artgerechte** Haltung eingehen. Dazu gehört erfahrungsgemäß auch die Ernährung unserer Pfleglinge im Terrarium, denn immer wieder belegen Untersuchungen an verendeten Tieren, dass dabei Fehler gemacht wurden.

Gründe dafür sind die **Unkenntnis** darüber, was eine **unausgewogene** Ernährung für die einzelne Tierart bedeutet, ein Mangel an passenden Futtersorten oder das fehlende Wissen, welches Futter für die verschiedenen Arten überhaupt **zuträglich** beziehungsweise notwendig ist. Die Vielfalt des in Frage kommenden Futters im Handel ist nahezu unüberschaubar und verwirrt mehr, als dass sie hilft, eine adäquaten Fütterung zu gewährleisten.

Nahrungsspezialisierungen

Nur einige wenige Arten sind derart ausgeprägte Nahrungsspezialisten, dass eine Terrarienhaltung nur vor Ort möglich ist, wie beispielsweise bei den leguanartigen Meerechsen (*Amblyrhynchus*) von den Galápagos-Inseln, die ausschließlich großwüchsige Meeresalgen fressen.

Neben diesen Extremfällen gibt es allerdings eine ganze Reihe von Arten, die sich zwar in freier Wildbahn fast ausschließlich von ganz bestimmten Futtertieren, etwa Ameisen und/oder Termiten, oder Futterpflanzen wie Rhododendronblätter ernähren, hin und wieder aber auch andere Insektenarten erbeuten.

Die Ernährung eines **Grünen Leguans** ist noch recht unproblematisch durch Einkäufe in der Gemüseabteilung eines größeren Lebensmittelgeschäftes zu bewerkstelligen.

Gut zu wissen
Sehr wichtig ist bei der vegetarischen Ernährung zumindest von Amphibien und Reptilien, dass dem Futter jedes Mal ein Vitamin-Mineralstoff-Aminosäuren-Gemisch beigemischt wird. Dieses streut man einfach über die Blätter oder mischt es unter den Obst-Gemüse-Salat.

Die Ernährung bereitet unter Umständen bei **Stab- und Gespenstschrecken** (*Phasmiden*) arge Probleme – vor allem, wenn gegen Ende des Winters nicht einmal mehr Brombeerblätter ausreichend zur Verfügung stehen. Diese Insekten sind in hohem Maße Nahrungsspezialisten und akzeptieren häufig nur **bestimmte Pflanzensorten**. Diese müssen überdies von möglichst **unbelasteten** Standorten stammen, wozu stark befahrene Straßen ebenso wenig wie Ackerflächen und Parkanlagen zählen, wo immer mit einer erheblichen Pestizid- oder Schwermetallbelastung gerechnet werden muss.

Tipp
Es ist empfehlenswert, für spezialisierte Pflanzenfresser eine eigene Futterpflanzenzucht zuzulegen.

Eudicella gralli ist ein attraktiver Rosenkäfer, der von pflanzlicher Nahrung lebt.

Viele **Wirbellose** sind, was ihr Futter angeht, glücklicherweise als recht **anspruchslos** zu bezeichnen. So lassen sich etwa Grillen, Schaben und andere Spezies leicht mit Hundeflocken auf pflanzlicher Basis und ähnlichen Produkten ernähren.

Vom Entwicklungsstadium abhängig

Ferner darf nicht außer Acht gelassen werden, dass sich bei zahlreichen Insektenarten Larven und Vollkerfe völlig unterschiedlich ernähren: Die Engerlinge vieler Frucht- und Rosenkäfer leben im Waldboden, wo sie morsches Holz und andere Pflanzenteile fressen. Im Gegensatz dazu verzehren die ausgewachsenen Kerfe normalerweise überreife Bananen und andere Obstsorten.

Bedingt räuberisch

Der weitaus größte Teil unserer vertrauten Terrarienpfleglinge ernährt sich räuberisch von den unterschiedlichsten Gliedertieren, Echsen und/oder Kleinsäugern, doch selbst diese Arten nehmen zu einem Großteil auch pflanzliche Nahrung zu sich: So schlecken etwa viele *Anolis*-, Eidechsen- oder Geckoarten gern gelegentlich Obstbrei, auch handelsübliche Kindernahrung, während viele bodenbewohnende Echsen eher Blätter und Blüten bevorzugen.

Gut zu wissen

Die Ernährung unserer Pfleglinge mit lebenden Insekten bereitet keine Schwierigkeiten, im Zoofachhandel kann man eine breite Palette unterschiedlichster Futtertiere erwerben. Überdies liefern auf Futterzuchten spezialisierte Versandhandlungen ihr Angebot auf Wunsch sogar im Abonnement (Adressen finden Sie in den Fachzeitschriften wie die DATZ, elaphe, Reptilia und anderen).

Zur Ernährung räuberischer Terrarientiere eignen sich – je nach der Größe der Pfleglinge:

- Springschwänze,
- Ameisen,
- Blattläuse,
- flugunfähige Kleine und Große Taufliegen (*Drosophila*),
- verschiedene andere Fliegenarten,
- Getreideschimmelkäfer sowie deren Larven,
- Korn- und Bohnenkäfer,
- Ofenfischchen,
- Mehl- und Wachsmotten samt Raupen,
- Mehlkäfer und deren Larven,
- Larven des großen Schwarzkäfers,
- verschiedene Arten von Grillen,
- Schaben,
- Wanderheuschrecken,
- Schnecken,
- Würmer,
- Spinnen,
- Mäuse,
- Küken.

Gut zu wissen
Es gilt, die Terrarientiere von Anfang an möglichst abwechslungsreich zu füttern, damit sie gar nicht erst unliebsame Vorlieben entwickeln.

Futtertierzucht

Die optimale Lösung stellt indes nach wie vor die eigene Futterzucht dar: Nur sie garantiert, dass die angebotenen Insekten wirklich **immer** ein **hochwertiges Futter** darstellen. Außerdem wird man auf diese Weise **unabhängig** von Lieferengpässen oder witterungsbedingten Transportausfällen.

Aber auch hier gilt: Nur durch ihre möglichst hochwertige und abwechslungsreiche Ernährung lässt sich eine entsprechende Qualität erzielen, welche die im Vergleich mit der Natur stets gegebene Einseitigkeit auszugleichen vermag.

Allerdings wollen wir an dieser Stelle auch die **Nachteile** einer eigenen Futterzucht nicht verschweigen.

- Sie ist immer mit einem gewissen Zeitaufwand verbunden, der oft sogar der Pflege der eigentlichen Terrarientiere entspricht;
- dazu kommen unter Umständen erhebliche Lärm- und Geruchsbelästigungen, die leicht zur Störung des Hausfriedens führen können.

Schlangen

Schlangen ernähren sich in freier Wildbahn, je nach Herkunft und Größe, von den unterschiedlichsten Tieren. Zu ihrem jeweils **artspezifischen Beutespektrum** gehören Amphibien, Fische, Kleinsäuger wie Mäuse, Ratten oder Kaninchen, Reptilien und Vögel. Oftmals erbeuten sie auch Wirbellose, vor allem als Jungtiere. Daneben gibt es Arten wie die nordamerikanische Grasnatter (*Opheodrys vernalis*), die sich zeitlebens von Insekten ernähren.

Die **ungiftigen Schlangen** ergreifen ihre Beute mit den Kiefern: Je nach Größe wird das Opfer mit mehreren Körperwindungen **umschlungen** und erdrosselt, oder es wird einfach mit den Kiefern festgehalten und notfalls

Vor dem Verfüttern werden die Futtertiere mit einem Vitamin- und Mineralstoffgemisch eingestäubt.

unter zusätzlichen Umschlingungen gegen den Boden gedrückt, bis es tot ist. Ist die Schlange sehr hungrig und handelt es sich um wenig wehrhafte Beutetiere wie etwa Frösche, so können diese auch bei lebendigem Leib verschlungen werden.

Giftschlangen hingegen setzen einfach ihren Giftbiss an und halten kleinere Beutetiere bis zum Eintreten des Todes fest, oder sie verfolgen das Opfer bis zu dem Platz, wo es verendet. Sobald sich die Beute nicht mehr bewegt, lässt die Schlange von ihr ab und bezüngelt sie sorgfältig; dann wird das Opfer mit dem **Kopf voran** verschlungen. Der Schlingakt wird durch einen für Schlangen spezifischen Mechanismus ermöglicht: Dank der Beweglichkeit der Unterkieferknochen gegenüber dem Gaumendach wird die Beute durch abwechselndes Verschieben dieser Elemente langsam im Maul nach hinten geschoben. Gleichzeitig spreizen sich die Unterkieferknochen immer weiter auseinander, sodass sie eine Art großen Trichter bilden. Ist das Beutetier an der Rachenöffnung angelangt, wird es mittels wellenförmiger Bewegungen der Wirbelsäule in die Speiseröhre gezogen.

Gut zu wissen

Pflegt man seine Tiere paarweise, so sollten sie unbedingt vor jeder Fütterung getrennt werden, denn wenn sich zwei Schlangen gleichzeitig in ein Beutetier verbeißen – egal, ob es lebend oder bereits tot ist – werden sie sich sofort um dieses und ineinander verschlingen.

Normalerweise lässt eine Schlange die einmal ergriffene Beute erst los, wenn sie aufgehört hat, sich zu bewegen. Erbeuten nun zwei Tiere die gleiche Maus, so spürt jedes die Anstrengung des anderen, und beide lassen die Beute nicht fahren, da sie sie weiterhin für lebend halten.

Lebende oder tote Futtertiere?

Viel diskutiert wird die Frage, ob man adulte Mäuse und Ratten lebend oder tot verfüttern sollte. Für die letztere Methode soll angeblich sprechen, dass lebende Kleinnager imstande seien, die Schlangen zu verletzen. Andererseits gibt es nichts Einfacheres, als Mäuse aufzutauen und an seine Schlangen zu verfüttern. Es gibt einige Schlangenarten und auch Einzeltiere, die tote Nager verweigern und dann mit lebenden Säugern gefüttert werden müssen.

Fütterungszeiten und -methoden

Als Fütterungszeit empfiehlt sich bei **tagaktiven** Arten der späte Vormittag, da sich die Tiere dann bereits auf ihre Vorzugstemperatur erwärmt haben und volle Aktivität zeigen. Bei den **dämmerungs- und nachtaktiven** Spezies hingegen eignet sich der späte Abend. Dies ist besonders wichtig, damit die Pfleglinge sofort an das Futter gehen und ihre Beute keine Gelegenheit hat, vorher das Vitamingemisch herunterzuputzen.

Grundsätzlich bestehen bei der Fütterung zwei Möglichkeiten: entweder schüttet man die Insekten einfach in den Behälter, wo unsere Pfleglinge ihre Beute anschließend selbst erjagen müssen.

Selbst erjagen lassen

Da Terrarientiere häufig an **Bewegungsmangel** leiden, sollte diese Methode immer der unten beschriebenen vorgezogen werden. Noch günstiger ist es, wenn man anstelle einiger weniger großer Futtertiere zahlreiche kleinere verfüttert. Häufig wird dieses Angebot von den Terrarienbewohnern gerne angenommen.

Aber diese Art der Fütterung hat auch **Nachteile**: So schließen die Terrarien in den seltensten Fällen so dicht, dass nicht doch einmal ein **Futtertier entkommt**. Außerdem hat man keine Kontrollmöglichkeiten, was beispielsweise bei der gemeinsamen Aufzucht oder einer Vergesellschaftung mehrerer Arten dazu führen kann, dass weniger agile oder unterdrückte Tiere **nicht genügend** Futter erhalten.

Vor dem Verfüttern werden die Futtertiere mit einem Vitamin- und Mineralstoffgemisch eingestäubt (Firma Exo Terra).

Von Hand füttern

Um bessere **Kontrolle** über die Futteraufnahme der Tiere zu erhalten, sind einige Terrarianer dazu übergegangen, ihre Pfleglinge individuell unter Zuhilfenahme einer Pinzette zu füttern. Jedes einzelne Insekt wird damit ergriffen und dem Tier vorgehalten. In der ersten Zeit bedarf es zwar einer gewissen Übung oder Gewöhnung auf Seiten von Pfleger und Pflegling, doch stellt sich diese in der Regel nach wenigen Tagen ein.

Die **Nachteile** dieser Fütterungsart liegen in der fehlenden Bewegung für die Pfleglinge, schließlich unterbleiben hier alle aufwendigen Verfolgungsjagden, und im vergleichsweise großen Zeitaufwand für die indiviuelle Behandlung.

Tränken

Getränkt werden die meisten unserer Pfleglinge durch tägliches, je nach Art auch häufigeres, **Überbrausen** des gesamten Terrariums. Zusätzlich sollte sich in jedem Behälter eine kleine **Trinkschale** befinden, die für Bodenbewohner auf der Erde, für Baumtiere hingegen am günstigsten an einem Ast angebracht wird. Selbstverständlich erhalten alle Bewohner **täglich frisches** Wasser.

Vitamine, Mineralstoffe und Aminosäuren

Die nachstehenden Ausführungen gelten **nur** für **Amphibien** und **Reptilien**, da man Wirbellose auch ohne Zusätze problemlos mit hochwertigem Futter ernähren kann. Wer das schier unübersehbare Angebot an verschiedenartigen Futtertieren und -pflanzen in der Natur mit dem kümmerlichen Angebot im Terrarium vergleicht, wird sofort erkennen, dass wir alle Bestandteile entsprechend **aufwerten** müssen, damit sie eine wirklich hochwertige Nahrung liefern.

Hierzu werden Futtertiere und -pflanzen ausgiebig mit einem Vitamin-Mineralstoff-Aminosäuren-Gemisch wie zum Beispiel Korvimin ZVT für Reptilien, einem von der Wirtschaftsgenossenschaft Deutscher Tierärzte eG, Hannover hergestellten und über die Apotheke oder den Tierarzt zu beziehenden Präparat, oder Herpetal Complete T aus dem Zoofachhandel eingestäubt.

Besser noch wäre ein leichtes Übergewicht des Kalziumanteils im Futter. Dieses liegt von Natur aus beispielsweise bei **Mäusebabys** vor, weshalb die Pfleger von Schlangen, Krokodilen, Waranen und Ähnlichen, die solche Kleinsäuger fressen, auch weitaus geringere Probleme mit **Rachitis** haben.

Wichtig

Die Aufwertung des Futters ist auch insofern hochwichtig, als unser gewöhnlich angebotenes Futter überdies ein unausgeglichenes Kalzium-Phosphor-Verhältnis aufweist, das mit Hilfe eines Mineralstoffgemischs nach Möglichkeit harmonischer gestaltet werden sollte.

Ernährung der Futterinsekten

Futterinsekten weisen häufig ein Kalzium-Phosphor-Verhältnis von 1:9 auf, das man durch ausschließliches Verfüttern von Karotten als Feuchtfutter oder durch Beimischung von Kalziumlactat in das Futter erheblich aufbessern kann. Allerdings bleibt die nochmalige Aufwertung der Nahrungstiere durch Einstäuben unerlässlich.

Gut zu wissen

Zusätzlich muss man in jedem Echsenterrarium Kalzium in verschiedenen Formen anbieten, damit die Tiere es jederzeit aufnehmen können. Die Palette reicht von Sepiaschale bis zu Muschelgrit.

Anschaffung von Terrarientieren

Die wohl gerade für den Anfänger wichtigsten Fragen lauten:

- Woher bekomme ich die gewünschten Tiere?
- Wie erkenne ich, ob sie gesund sind?

In den meisten Fällen dürfte zumindest die erste Frage wohl kaum noch Probleme aufwerfen, hält doch selbst der **Zoofachhandel** normalerweise ständig eine breite Palette von interessanten Tieren bereit.

Schwieriger gestaltet sich da schon die Beschaffung selten importierter oder nachgezogener Arten. Wer sich derartige Tiere wünscht, sollte versuchen, entsprechende **Nachzuchten** von anderen Liebhabern auf **Börsen** oder mit Hilfe des **Internets** zu erwerben. Diese können dann auch gleich alle notwendigen Informationen über die artgerechte Haltung geben und weitergehende Fragen beantworten.

Leider sind nicht alle Zoofachhändler tatsächlich in der Lage, ihre Kunden umfassend zu **beraten** und ihnen wirklich nur geeignete Arten zu verkaufen. Um sich schon beim Kauf spätere Enttäuschungen zu ersparen, sollte man einige grundsätzliche Regeln befolgen.

Reptilienbörsen eignen sich auch zur Kontaktaufnahme mit dem Züchter.

Wichtig

Zeigen Sie beim Kauf von Terrarientieren kein falsches Mitleid, sonst wird es Ihnen später Leid tun – wirkliche Freude bereiten nur gesunde, kräftige Tiere! Aber auch wenn Sie all dies beachten, gehört immer noch eine gewisse Portion Glück dazu, einwandfreie Pfleglinge zu erwerben.

Checkliste vor dem Kauf

- Selbstverständlich fragt man nach dem **wissenschaftlichen Namen**, um gegebenenfalls einmal etwas in der Fachliteratur nachlesen zu können.
- Wichtig ist die **genaue Herkunft** der Tiere, denn nur wenn man den exakten Fundort kennt, lassen sich Rückschlüsse auf die klimatischen Ansprüche der betreffenden Art ziehen. Wesentlich risikoloser ist natürlich der Erwerb von Nachzuchten bei anderen Liebhabern, da man jene persönlich nach ihren Erfahrungen befragen kann.
- Auch eine **gesundheitliche Inspektion** der Neuerwerbung, die natürlich nur recht oberflächlich ausfallen kann, sollte unbedingt vor der Anschaffung durchgeführt wer den. Hierfür lassen sich leider keine Patentrezepte geben, sondern nur grobe Richtlinien:
- So sind etwa **lebhaft** umherlaufende Echsen **apathisch** in der Ecke sitzenden immer vorzuziehen.
- Die **Haut** der Tiere muss stets frei von Verletzungen, Geschwülsten und Pilzinfektionen sein.
- Auch sollten sich am Körper möglichst keine **Häutungsreste** mehr finden. Kleinere vernarbte Wunden oder regenerierte Schwänze stellen hingegen nicht unbedingt negative Kriterien dar.
- Bei **Wirbellosen** muss man immer darauf achten, dass noch **alle Gliedmaßen** unbeschädigt vorhanden sind.
- Der **Atem** von Wirbeltieren hat leicht und frei zu sein, und aus den **Nasenlöchern** darf kein Schleim austreten.
- Auch sollten die **Augen** keine Absonderungen aufweisen und nicht zu tief in den Höhlen liegen.

Nachzucht

Im Folgenden wollen wir einen kurzen Überblick über die Fortpflanzung von Terrarientieren geben, soweit dies im hier vorgegebenen Rahmen möglich ist. Gerade in unserer, durch fortschreitende **Biotopzerstörung** und damit verbundene Bestandsabnahmen gekennzeichneten Zeit, kommt der erfolgreichen Nachzucht im Terrarium eine **arterhaltende** Bedeutung zu. Nur sie sichert auch die zukünftige Pflege, da zahlreiche Arten binnen kurzem in der freien Natur ausgestorben sein dürften oder ein Rückgriff auf natürliche Bestände verboten oder nicht mehr möglich sein wird oder schon ist.

Gut zu wissen
Um einige Spezies wenigstens in Zoos und bei privaten Terrarianern zu erhalten, ist es daher unerlässlich, sich zu Zuchtgemeinschaften oder ähnlichen Interessengruppen zusammenzuschließen.

Spezialisierung

Nachzüchten im Sinne der Arterhaltung bedeutet für jeden einzelnen Terrarianer, sich auf eine möglichst **geringe Anzahl** von **Arten** zu beschränken und, wenn irgend möglich, eine **größere Anzahl** von **Individuen** und Zuchtpaaren zu pflegen, um genetischer Verarmung nach Kräften vorzubeugen.

Ein weiterer positiver Effekt dieser Spezialisierung liegt sicherlich darin, dass sich auf diese Weise auch der heute vielfach noch recht dürftige **Wissensstand** über die Ansprüche und Lebensweise unserer Tiere erheblich **erweitern** lässt. Schon jetzt ist der Anteil der privaten herpetologischen Forschung an der Gewinnung neuer Erkenntnisse nicht zu unterschätzen.

Auslese ist unerlässlich

Ferner ist es ganz besonders wichtig, bei den Nachzuchten eine gewisse Auslese zu betreiben. Das fängt bereits beim **Schlupf** der Jungtiere an: So sollten all jene, die nicht aus **eigener Kraft** schlüpfen, in der Schale belassen werden. Sind die kleinen Tiere jedoch bereits geschlüpft oder geboren, so müssen sofort alle mit **Missbildungen** behafteten Exemplare und sogenannte Kümmerlinge aussortiert werden.

Wichtig
Jede Nachzucht sollte nur mit gesundheitlich einwandfreien und kräftigen Tieren betrieben werden.

Allgemeine Voraussetzungen für die Zucht

Ist die Frage geklärt, ob es sich bei unseren Tieren um ein **Pärchen** handelt, so müssen wir noch eine ganze Reihe weiterer Faktoren beachten, ehe sich die ersehnten Nachzuchten einstellen. So ist es auch wichtig zu wissen, **wie alt** unsere Tiere überhaupt sind, denn es kann sein, dass sie entweder noch nicht die **Geschlechtsreife** erreicht haben oder schon zu alt sind, um sich noch fortpflanzen zu können. Wer daher ganz sicher gehen will, besorgt sich nur junge Nachzuchten.

Trotz all unseres Wissens verstreicht teilweise auch heute noch zwischen Erwerb und erfolgreicher Paarung eine erhebliche Zeitspanne. So spielen auch die **Paarharmonie** oder die der Gruppe und die **Eingewöhnung** eine gewisse Rolle.

Fortpflanzungsauslöser

Schwierigkeiten bereitet stets aufs Neue auch das **Simulieren** der natürlichen Temperatur- und Feuchtigkeitsverhältnisse, besonders bei der Pflege noch relativ unbekannter Arten.

Hier muss man teilweise jahrelang Erfahrungen sammeln und die **Haltungsbedingungen** immer wieder optimieren, ehe sich der gewünschte Erfolg einstellt.

Dies liegt unter anderem an den unterschiedlichen Fortpflanzungzyklen der einzelnen Arten, nur die wenigsten pflanzen sich das ganze Jahr hindurch fort, aber auch an der erforderlichen **Synchronisation der Geschlechter**.

Bei den meisten Tieren aus den mittleren und höheren geographischen Breiten ist die **Reproduktionsperiode** an die **Jahreszeit** gekoppelt, doch auch tropische Spezies sind von gewissen zyklischen Veränderungen wie Regen- und Trockenzeiten, der täglichen Sonneneinstrahlung und Ähnlichem abhängig.

Die meisten sich **periodisch** fortpflanzenden Arten stammen aus den gemäßigten Breiten. Sie unterliegen dem Rhythmus der Jahreszeiten und legen durchweg eine mehr oder weniger lange **Winterruhe** ein.

Als eigentliche Auslöser ihres Fortpflanzungsverhaltens kommen Temperaturveränderungen in Betracht, bei den meisten Arten überdies die Schwankungen der Photoperiode, also die im Jahreslauf wechselnde Tageslänge, oder eine Kombination aus beiden. So bewirkt jede **Temperaturerhöhung** eine Steigerung des Stoffwechsels, welche wiederum Impulse an das Nervensystem weiterleitet, das dann die **Reifung** der **Eier** und **Spermien** auslösen kann.

> **Gut zu wissen**
> Werden alle geschlechtsreifen Tiere unter gleichen Bedingungen gehalten, werden sie in der Regel gleichzeitig in den Fortpflanzungzyklus eintreten. Schafft man sich nachträglich ein zweites Tier an, so kann dieses durch unterschiedliche Haltung ganz anders gestimmt sein.

Fortpflanzung im Terrarium

Zum Fortpflanzungsverhalten gehören die **Balz** und die eigentliche **Kopulation**. Auch hier weisen unsere Terrarientiere eine derart enorme Vielfalt unterschiedlichster **Verhaltensweisen** auf, dass wir dieses Thema nur am Rande streifen können.

In aller Regel imponieren die Männchen den Partnerinnen mit ihrem Farbkleid, bestimmtem Verhaltensweisen und Ähnlichem, um deren Paarungsbereitschaft festzustellen. Ist das Weichen paarungswillig, so kommt es in der Regel zur Kopulation, die unterschiedlich lange dauern kann. Anschließend gehen beide Partner wieder ihres Weges. Pflegt man seine Tiere paarweise, so erfolgen Balz und Paarung oftmals unbemerkt.

Gut zu wissen
Schwieriger ist es schon, Arten mit kannibalischer Veranlagung oder einem ausgeprägten Aggressionsverhalten zu verpaaren, da sie grundsätzlich einzeln gepflegt werden müssen.
Wirbellose, vor allem Gottesanbeterinnen, Vogelspinnen und Skorpione sollte man immer bis zur vollständigen Sättigung füttern, ehe man die Partner zu einem Paarungsversuch vergesellschaftet.

Bei einigen Reptilien – insbesondere Chamäleons – erkennt man die Paarungsbereitschaft oftmals schon am **Farbkleid des Weibchens**. Fehlen dem Halter derartige Erfahrungen, so muss er es immer wieder probieren und die Tiere des Öfteren unter ständiger Beobachtung zusammensetzen. Zeigt das Weibchen beim Anblick eines Männchens dann eine gesteigerte Aggressivität, so müssen die Tiere unverzüglich wieder getrennt werden, und man wiederholt den Versuch eine Woche später.

Außenbefruchtung

Etwas anders läuft dieser Vorgang zumeist bei den **Amphibien** ab: Dort erfolgt eine sogenannte Außenbefruchtung, das heißt, die Eier werden erst beim Verlassen des weiblichen Körpers also meist direkt im Wasser befruchtet.

Linke Seite: Damit die Zucht gelingt, sind ein harmonierendes Paar und die richtigen Bedingungen nötig.

Nach der Eiablage schenken die **Lurche**, abgesehen von den Brutpflege betreibenden Arten, ihrer Nachkommenschaft keinerlei Beachtung mehr.

Jungfernzeugung

Neben der normalen Fortpflanzung, der Befruchtung des Weibchens durch das männliche Tier, tritt auch die Parthenogenese oder Jungfernzeugung auf. Darunter versteht man, dass die **Nachkommen** nicht aus der Paarung zweier verschiedengeschlechtlicher Individuen hervorgehen, sondern sich **ohne Befruchtung** aus den Eiern entwickeln können. Alle Nachkommen sind dann **weiblich** und mit ihrer Mutter in genetischer Hinsicht vollkommen identisch. Zu den bekanntesten Beispielen für dieses Phänomen zählen zahlreiche Echsen- und Gespenstschreckenarten sowie einige Wandelnde Blätter (*Phylliidae*).

Vorratsbefruchtung und Trächtigkeit

Nach der erfolgreichen Paarung zeigen Reptilien- und Insektenweibchen einen wesentlich gesteigerten **Appetit**, besonders innerhalb der ersten Tage.

Neben dem eigentlichen Fressvorgang kann man die Weibchen nun auch häufig bei der Aufnahme von **Kalk** in Form von zerstoßenem Sepiaschulp, Eierschalen oder Muschelgrit beobachten. Kurze Zeit vor der Eiablage oder Geburt reduzieren beziehungsweise beenden sie die Nahrungsaufnahme und zeigen eine erhöhte Aktivität.

Die **Dauer der Trächtigkeit** kann sehr unterschiedlich ausfallen: das Spektrum reicht von etwa 14 Tagen bis zu einem Jahr. Während dieses

Zeitraums legen die Weibchen auch eine wesentlich stärkere **Aggressivität** an den Tag.

Zahlreiche Terrarientiere verfügen über die Fähigkeit zur **Vorratsbefruchtung** (*Amphigonia retardata*); bei diesen zur **Spermienspeicherung** befähigten Arten reicht also eine einzige Paarung aus, um mehrere befruchtete Gelege abzusetzen. Beobachtungen im Terrarium haben belegt, dass diese Eigenschaft bei vielen Arten vorliegt, wie zum Beispiel bei vielen Geckos.

Gut zu wissen

Trächtige Tiere sollten so viel Nahrung erhalten, wie sie nur zu sich nehmen können. Dabei muss auf eine möglichst hochwertige Zusammensetzung des Futters geachtet werden, damit keine Mangelsituationen entstehen.
Ebenso wichtig ist es, Vegetariern wegen des erhöhten Proteinbedarfs mehr tierische Nahrung als normal zu geben.

Die feuchte Legebox dient den Geckos auch als Platz zum Häuten.

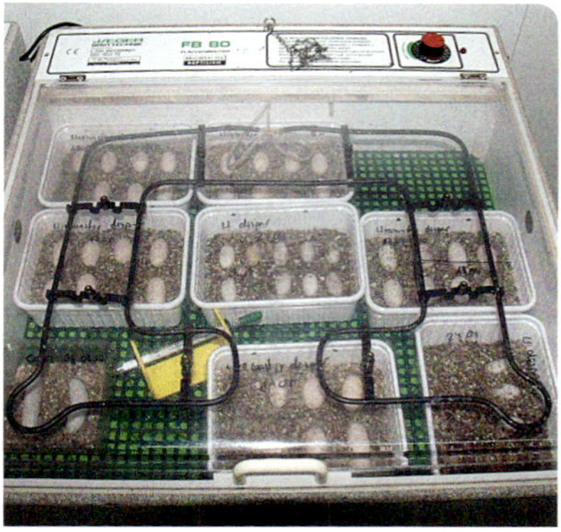

Handelsüblicher Brutkasten für die Zeitigung von Reptilieneiern.

Eierzeitigung

Die Eier oder Gelege sollte man stets aus dem Terrarium entnehmen, damit sie kontrolliert inkubiert werden können und nicht anderen Terrarienbewohnern oder Futtertieren wie Grillen oder Schaben zum Opfer fallen.

Dabei ist bei vielen Arten **äußerste Vorsicht** geboten: So sollten beispielsweise die Gelege von Reptilien erst vorsichtig freigelegt werden, um die **Oberseite** der Eier mit einem weichen Bleistift zu **kennzeichnen**, damit bei der späteren Umbettung in den Zeitigungsbehälter jede unbeabsichtigte, relative Lageveränderung unterbleibt. Für zahlreiche Arten scheint es allerdings keine Rolle zu spielen, ob die Eier jetzt oder später gedreht werden. In anderen Fällen dagegen führt schon die **geringste Lageveränderung** zum Absterben des Embryos, wenn sich dieser erst einmal an der Oberseite des Eis angeheftet hat.

Inkubation

Die Eier werden in mäßig bis gut durchfeuchtetes Substrat überführt, dessen **Feuchtigkeitsgrad** sich grundsätzlich nach dem **Herkunftsgebiet** der Tiere richtet. Dabei muss er bei Wüstentieren folglich stets höher liegen als bei solchen aus dem Regenwald.

An **Zeitigungssubstrat** eignen sich besonders gut Perlite und Vermiculite: Beim Kauf muss man allerdings peinlichst darauf achten, dass es sich um **für die Pflanzenkultur** gedachte Varianten handelt, denn die als Isoliermaterial auf dem Bau verwendeten sind oft mit Imprägniermitteln versetzt, welche die Eierschalen auflösen.

Als **Zeitigungsbehälter** eignen sich klarsichtige, dicht schließende Plastikdosen, die jederzeit eine **Kontrolle** ohne Öffnen des Behälters ermöglichen.

Tipp

Bei Dosen, in denen Vermiculite als Substrat verwendet wurde, testet man die Substratfeuchte etwa alle drei Wochen. Gleichzeitig sorgt das Öffnen auch für einen ausreichenden Gasaustausch.

Stellt man fest, dass im Substrat keine ausreichende Feuchtigkeit mehr vorhanden ist, so muss es **nachgefeuchtet** werden. Dazu dient vortemperiertes Wasser, das vorsichtig am Dosenrand in den Zeitigungsbehälter gegeben wird, ohne die Eier zu berühren. Die Zeitigungsdose stellt man nun in einen **Inkubator**.

Je nach Herkunft der Elterntiere sollte die **Temperatur** im Inneren zwischen 20 und 30 °C liegen. Bei zahlreichen Arten reicht es auch völlig aus, wenn die Dose an einem wärmeren Platz zum Beispiel in der Nähe von Vorschaltgeräten oder Beleuchtungskörpern aufgestellt wird, wo die notwendigen Temperaturen herrschen. Gegebenenfalls sollte man dies mit einem Thermometer einige Tage lang kontrollieren.

Oftmals sind Jungtiere, die unter schwankenden Wärmeverhältnissen wie einem Tag-Nacht-Gefälle ausgebrütet wurden, wesentlich agiler als Nachzuchten, die man bei konstanten Werten zeitigte. Dabei handelt es sich häufig um Arten, die ihre Eier nicht besonders tief im Erdreich vergraben.

Gut zu wissen

Die Wahl des Inkubators ist von entscheidender Bedeutung, da nicht alle Eier eine starke Oberhitze vertragen, wie sie etwa von den Jäger-Brutglucken ausgeht: Bei ihnen erhärten die Oberflächen durch Austrocknung unter Umständen derart, dass die Jungtiere nicht schlüpfen können.

Schlupf

Je nach Art ist es nach 20–360 Tagen Inkubationszeit dann soweit. Der eigentliche Schlupf kündigt sich meist durch das „**Schwitzen**" der Eier an: Hierbei bilden sich auf der Schale kleine, mitunter zahlreiche Wassertropfen, während das Volumen leicht abnimmt.

Mit Hilfe ihrer Eizähne schlitzen die Jungtiere nun die Hülle auf – meist sternförmig an einer Seite, aber teilweise auch durch einen Längsschnitt. Als nächstes schieben sie ihre Schnauze ins Freie und verharren so noch einige Zeit, bevor sie spätestens am nächsten Tag die Hülle ganz verlassen.

Info

Bevor die Jungtiere vollständig aus dem Ei schlüpfen, ziehen sie teilweise den Restdotter in ihre Leibeshöhle auf und stellen den Organismus auf Lungenatmung um.

Aufzucht

Kaum aus dem Ei geschlüpft, bewegen sich die Jungtiere der **Reptilien** bereits äußerst flink und schreckhaft, sodass sich ihre Entnahme aus dem Zeitigungsbehälter oft gar nicht so einfach gestaltet. Die weitere Aufzucht erfolgt in **kleinen Terrarien**, deren Einrichtung der bei den erwachsenen Tieren gebräuchlichen nachempfunden wird. In Wüstenbecken reicht es zum Beispiel völlig aus, wenn auf dem Sandboden einige Steinplatten als Versteckmöglichkeiten liegen.

Wichtig

In diesen Miniaturterrarien muss immer ein feuchter Rückzugsplatz vorhanden sein, zum Beispiel unter einem Korkstück in einer Ecke. Das gilt auch für Wüstentiere, da deren Junge teilweise empfindlich auf allzu große Trockenheit reagieren.

Rechte Seite: Schlüpfender Rhacodactylus chahua.

Aufzuchtanlage für Jungtiere mit kleinen, gut kontrollierbaren Einzelterrarien.

Auch die anderen **Bedingungen** können ähnlich wie bei ausgewachsenen Tiere gehalten werden, nur sollten die Tageshöchstwerte stets etwas niedriger liegen, da die Jungen ihren **Temperaturregulierungsmechanismus** noch nicht voll beherrschen und die kleinen Behälter stärker zur **Überhitzung** neigen.

Bei Amphibien

Ähnlich verfährt man mit dem Laich von Amphibien. Dieser wird oftmals im Wasser abgelegt und sollte zur weiteren Entwicklung in ein gut **gelüftetes Aquarium** ohne jede Einrichtung überführt werden. Bei den Pfeilgiftfröschen kann man die Überwachung der Eier getrost den Elterntieren überlassen: Diese wässern das Gelege und bringen die Kaulquappen anschließend in eine Wasseransammlung.

Gut zu wissen

Der Übergang vom Leben im Wasser zum dem an Land bereitet kleinen Lurchen oft Probleme. Damit es dabei nicht zu Ausfällen kommt, setzt man die fast zum Abschluss der Metamorphose gelangten Amphibien in ein Terrarium mit einer zweiten, schräg gestellten Bodenscheibe, sodass die Tiere leicht das Wasser verlassen können.

Je nach Art erfolgt die Aufzucht der Larven später einzeln oder in Gruppen, wobei **je nach Wachstumsstadium** alle Beckendimensionen Verwendung finden, vom Kleinstbehälter bis zum Großaquarium. **Gefüttert** werden die Kaulquappen am besten mit Fischfutter oder ähnlichen Präparaten.

Bei Vogelspinnen

Unendlich vielfältiger verhält es sich bei den Wirbellosen, sodass wir hier nur Ausführungen zu den häufigsten

Einzelaufzucht von Kaulquappen.

Die Aufzucht von Vogelspinnen erfolgt einzeln in kleinen Dosen.

Vogelspinnenarten machen. Die eigentliche Eiablage kündigt sich dadurch an, dass das Weibchen eine dichte, rundliche Gespinstfläche webt. Auf dieser werden dann die Eier abgelegt, deren Befruchtung erst beim Austritt aus dem Körpers erfolgt. Anschließend umschließt das Weibchen die Eier mit dem erwähnten Gespinst und umspinnt das Ganze nochmals, bis ein kugelförmiges Gebilde entstanden ist, der **Kokon**. In ihm **schlüpfen** die Jungspinnen nach etwa vier bis 16 Wochen, ständig vom Weibchen bewacht.

Das **Bevorstehen des Schlupfs** erkennt man daran, dass die Spinne den Kokon aufzulockern beginnt, um den Jungen mehr Platz zu verschaffen. Dies ist auch der richtige **Zeitpunkt**, um den Kokon aus dem Terrarium zu entnehmen, da es wesentlich weniger Probleme bereitet, wenn die Jungtiere in einer **separaten Dose** schlüpfen, als wenn man sie einzeln aus dem Terrarium fangen muss. Nach seiner Entnahme wird vorsichtig ein Schlitz in den Kokon geschnitten, um den Jungtieren das Aussteigen zu erleichtern; man legt man ihn dazu in eine kleine Kunststoffdose, deren Boden mit stets leicht feuchtem Küchenpapier ausgelegt wurde.

Allgemeine
Haltungsrichtlinien
für Anuren
eitet von der
einschaft Anuren
n Gesellschaft für
arienkunde (DGHT) e.V.
Gutachten erstellt im Auf
Ernährung, Land
Inhaltlich unveränder
Deutschen Gesellschaft für He

Gesunderhaltung und Tier- und Artenschutz

Gesunderhaltung und Tier- und Artenschutz

Für jeden Terrarianer sollte es oberstes Ziel sein, Krankheiten durch artgerechte Haltung, eine gesunde, ausgewogene Ernährung und sorgfältigen Umgang mit den Tieren zu vermeiden. Zahlreiche Erkrankungen sind auch heute noch meist auf entsprechende Fehler zurückzuführen, doch es kann auch unter optimalen Bedingungen hin und wieder zu Problemen kommen.

Quarantäne und Eingewöhnung

Unerlässlich ist bei jeder Anschaffung von neuen, unmittelbar der Natur entnommenen oder aus unbekannter Quelle stammenden Tieren eine Quarantänezeit von etwa 6–8 Wochen Dauer, denn nur so lässt sich das Einschleppen von Parasiten und anderen Krankheitskeimen vermeiden. Man sollte diese Gefahr nicht unterschätzen: Unter Umständen gehen nicht nur die Neuerwerbungen, sondern der gesamten Bestand verloren!

Während der Quarantäne werden die Tiere in einem sterilen Terrarium untergebracht. Für kleine Arten sind die im Handel erhältlichen **Plastikterrarien** völlig ausreichend, nur bei größeren Spezies muss man spezielle Behälter einrichten. Als **Bodengrund** dient am besten Zeitungspapier, das täglich gewechselt wird. Die übrige Einrichtung gestaltet sich artabhängig und besteht in der Regel aus einem Wassernapf, flachen Steinen und einer Plastikpflanze.

Tränken

Handelt es sich um Tiere aus dem Handel, so sollten diese zunächst vorsichtig getränkt werden. Da sie häufig bereits in den Herkunftsländern längere Zeit kein Wasser mehr erhalten haben, leiden sie stark unter **Austrocknung**. Dem Wasser wird eine **Elektrolytmischung** beigesetzt, da die Tiere die Flüssigkeit sonst nicht im Körper behalten können. In den nächsten Tagen reduziert man den Elektrolytanteil langsam.

Füttern

Ebenso behutsam beginnt man auch mit der Fütterung: Da die Tiere in aller Regel stark ausgezehrt sind, stürzen sie sich mit Heißhunger auf das Futter und verschlingen alles, was ihnen angeboten wird.

Da sich ihre **Darmflora** aber zumeist erst wieder erholen muss, können sie die Nahrung nicht verarbeiten und erbrechen diese oder scheiden sie wieder mehr oder minder unverdaut aus. Gute Dienste leistet hier ein Präparat, welches die Darmflora wieder stabilisiert und gleichzeitig den Appetit anregt: BIRD BENE-BAC, das nur beim Tierarzt erhältlich ist.

Kotuntersuchung

Dem ersten Kot, den die Tiere im Quarantänebecken abgesetzt haben, entnimmt man eine Probe, die zur (kostenpflichtigen!) Untersuchung an eine kompetente Untersuchungsstelle, die man beim Tierarzt erfragt, geschickt wird.

Plastikwanne als Quarantäneterrarium mit einer sterilisierten Einstreu.

Der Kot sollte auf **Parasiten** aller Art, auch Amöben, untersucht werden. Gleichzeitig bittet man um **Behandlungshinweise**. Erhält man als Ergebnis der Kotuntersuchung den Befund „negativ", so schickt man nach drei Wochen eine weitere Probe ein, um ausreichende Sicherheit zu haben, bevor man die Tiere, falls das Ergebnis erneut „Befund negativ" lauten sollte, in ihr eigentliches Terrarium setzt.

Ergibt sich jedoch ein **positiver Befund**, so behandelt man den Pflegling zunächst, am besten in Kooperation mit seinem Tierarzt, nach der eventuell erhaltenen Anleitung, bevor man erneut eine Kotprobe zur Überprüfung einsendet.

Gut zu wissen
Bei vielen dieser Untersuchungsstellen kann man auch um die kostenpflichtige Sektion verstorbener Tiere bitten, wenn deren Todesursache nicht bekannt und von Interesse ist.

Der Krankheitsfall

Was aber unternehmen, wenn das Tier offensichtlich erkrankt ist? Dann hilft nur noch der schnellstmögliche Weg zu einem mit den Krankheiten von Terrarientieren vertrauten **Tierarzt**. Gerade in jüngster Zeit haben sich etliche Tiermediziner gezielt mit **Amphibien- und Reptilienkrankheiten** beschäftigt, sodass sie uns erfolgreich weiterhelfen können. Die Namen und Adressen von derart bewanderten Spezialisten findet man im Internet auf der Tierarztliste der Deutschen Gesellschaft für Herpetologie und Terrarienkunde (DGHT) www.dght.de.

Rechtliches

Zahlreiche Pfleglinge unterliegen dem Artenschutz. Daher ist es unbedingt erforderlich, sich ausreichende Grundkenntnisse aller Gesetze und Verordnungen zu verschaffen, die im Gefolge des **CITES-Abkommens** (Convention on International Trade in Endangered Species of Wild Fauna and Flora) beschlossen oder erlassen wurden.

Gut zu wissen
Diese Vorschriften unterliegen ständigen Änderungen, sodass die nachstehend präsentierten Informationen schon bald überholt sein können.

Wer einen Überblick über die in Deutschland gültige Gesetzeslage gewinnen will, sollte folgende Vorschriften in ihrer jeweils aktuellsten Fassung zu Rate ziehen:

- Das Washingtoner Artenschutzabkommen (CITES)
- Die EU-Artenschutzverordnung Nr. 338/97 (mit zahlreichen Aktualisierungen)
- Das Bundesnaturschutzgesetz
- Die Bundesartenschutzverordnung
- Die Naturschutzgesetze der einzelnen Bundesländer

Infos zu Natur- und Artenschutzbestimmungen

Einen guten Überblick über die gültigen Artenschutzbestimmungen erhält man durch das BNA-Artenschutzbuch, zu beziehen beim Bundesverband für fachgerechten Natur- und Artenschutz e.V., Postfach 11 10, D-76707 Hambrücken. Informationen zu den in Deutschland geltenden Ein- und Ausfuhrbestimmungen lassen sich beim Bundesamt für Naturschutz, Konstantinstr. 110, D-53179 Bonn, erfragen.

Melden

In der Bundesrepublik Deutschland müssen geschützte Arten bei der zuständigen **Naturschutzbehörde** an- und abgemeldet werden. Deshalb sollte man Kontakt zum dafür zuständigen Amt aufnehmen – einmal, um sich über den aktuellen Stand der Gesetzgebung zu informieren, aber auch, um Näheres über die praktische Handhabung der An- und Abmeldebestimmungen in Erfahrung zu bringen.

Je nach **Bundesland** ist dafür eine andere Behörde zuständig (in Nordrhein-Westfalen z.B. die Untere Landschaftsbehörde, in Hessen dagegen der jeweilige Regierungspräsident).

In der Praxis wird eine Anmeldung derzeit etwa folgendermaßen ablaufen:

- Hat man beispielsweise Nachzuchten erworben oder selbst nachgezogen, müssen diese umgehend bei der zuständigen Naturschutzbehörde angemeldet werden, wobei man die Anzahl (eventuell auch das Geschlecht) und die Herkunft angibt. Dies kann formlos geschehen. Ein amtliches Dokument ist nicht nötig und wird auch nicht ausgestellt.
- Um die Herkunft eines Tieres nachzuweisen, sollte man sich vom Vorbesitzer, zum Beispiel Händler oder Züchter, stets eine formlose Bescheinigung aushändigen lassen, welche die Herkunft des Tieres, zum Beispiel legaler Import, eigene Nachzucht, nachweist.
- Eine Kopie dieser Bescheinigung händigt man dann bei der Anmeldung der Naturschutzbehörde aus.

Tierschutzrecht

Zu den übrigen stets zu beachtenden Bestimmungen gehört das Tierschutzrecht, welches den Schutz der Tiere vor unsachgemäßer Haltung regelt. Auf diesem Feld haben sich verschiedene Organisationen, insbesondere die vivaristisch orientierten **Vereinigungen** bemüht, **feste Standards** aufzustellen, die eine artgerechte Tierhaltung zum Ziel haben. Dazu gehören unter anderen der VDA/DGHT-**Sachkundenachweis**, mit dem jeder Pfleger seine Fachkenntnisse nachweisen kann, und das „**Gutachten über Mindestanforderungen an die Haltung von Reptilien und Amphibien**“. Letzteres gibt unter anderem Mindestgrößen für die Tiere in Terrarienhaltung vor. Nähere Informationen zu diesem Thema erhält man über die DGHT.

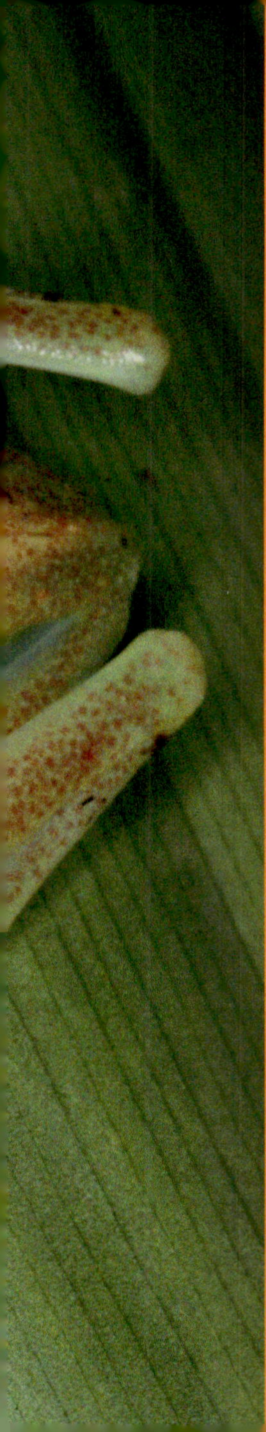

Service

Literatur

Bruse, F., Meyer, M. & W. Schmidt (2003): Praxisratgeber Futtertiere. – Frankfurt (Edition Chimaira).
Henkel, F. & W. Schmidt (2008): Terrarien – Bau und Einrichtung. – Stuttgart (Verlag Eugen Ulmer).

Adressen

Deutsche Gesellschaft für Herpetologie und Terrarienkunde e.V. (DGHT)

Wie schon ihr Name besagt, ist die DGHT eine Vereinigung herpetologisch und terrarienkundlich interessierter Personen. Der Verein gibt zwei wichtige Fachzeitschriften heraus, die wissenschaftlich orientierte Salamandra und die eher terrarienkundlich angelegte elaphe.
Geschäftsstelle:
Herr Andreas Mendt
Postfach 14 21
D-53351 Rheinbach
Fon: (0 22 55) 95 01 06
Fax: (0 22 55) 17 26
URL: http://www.dght.de
E-Mail: gs@dght.de

Das Wirbellosenzentrum e.V.

Dieser Verein steht allen an Wirbellosen Interessierten offen, also Hobbyhaltern, Naturfreunden und Wissenschaftlern gleichermaßen. Sein Organ ist die Fachzeitschrift Arthropoda, die sich ausschließlich mit den Wirbellosen beschäftigt. Informationen zu den Ansprechpartnern finden sich im Netz unter der URL: http://das-wirbellosenzentrum.de

Bildquellen

istockphoto / Ulf Amundsen: Titelfoto oben

Friedrich Wilhelm Henkel: 3, 4, 11, 12 rechts, 15, 24, 25, 26, 30, 32, 36, 38, 39, 40, 42, 43, 45 unten, 47, 48, 49, 50, 52, 56 unten, 60, 62, 64, 66, 67, 69, 71, 74, 75, 77 links, 77 rechts, 79, 81, 82, 83, 84 oben, 84 unten, 85, 86, 88, 89, 90, 92, 100, 102, 106, 108, 112, 114, 117

Wolfgang Schmidt: Titelfoto unten, 6, 9,10, 12 links, 16, 19, 20, 22, 27, 28, 35, 37, 41, 44, 45 oben, 46, 51, 53, 54 oben, 54 unten, 55 oben, 55 Mitte, 55 unten, 56 oben, 59, 70, 72, 73 rechts, 73 links, 76, 80, 91, 92, 94, 97, 99, 109, 111, 113 oben, 113 unten, 120

Register

Die in diesem Buch enthaltenen Empfehlungen und Angaben sind vom Autor mit größter Sorgfalt zusammengestellt und geprüft worden. Eine Garantie für die Richtigkeit der Angaben kann aber nicht gegeben werden. Autor und Verlag übernehmen keinerlei Haftung für Schäden und Unfälle.

Bibliografische Information der Deutschen Nationalbibliothek
Die Deutsche Nationalbibliothek verzeichnet diese Publikation in der Deutschen Nationalbibliografie; detaillierte bibliografische Daten sind im Internet über http://dnb.d-nb.de abrufbar.

Wollgrasweg 41, 70599 Stuttgart (Hohenheim)
E-Mail: info@ulmer.de
Internet: www.ulmer.de
Umschlaggestaltung: Atelier Reichert
Lektorat: Dr. Eva Maria Götz, Gabi Franz
Herstellung: Linda Kemmler
Reproduktion: TBM, Remseck
Druck und Bindung: Firmengruppe APPL, aprinta Druck, Wemding
Printed in Germany

ISBN 978-3-8001-6714-2